电网员工职业发展通道

建设与管理指导书

本书编委会 编

中国水利水电出版社
www.waterpub.com.cn

·北京·

图书在版编目（ＣＩＰ）数据

电网员工职业发展通道建设与管理指导书 / 《电网
员工职业发展通道建设与管理指导书 》编委会编. -- 北
京：中国水利水电出版社, 2021.11
ISBN 978-7-5226-0047-5

Ⅰ.①电… Ⅱ.①电… Ⅲ.①电力工业－职工培训
Ⅳ.①TM

中国版本图书馆CIP数据核字(2021)第258769号

书　　名	电网员工职业发展通道建设与管理指导书 DIANWANG YUANGONG ZHIYE FAZHAN TONGDAO JIANSHE YU GUANLI ZHIDAOSHU
作　　者	本书编委会　编
出版发行	中国水利水电出版社 （北京市海淀区玉渊潭南路1号D座　100038） 网址：www.waterpub.com.cn E-mail:sales@mwr.gov.cn 电话：（010）68545888（营销中心）
经　　售	北京科水图书销售有限公司 电话：（010）68545874、63202643 全国各地新华书店和相关出版物销售网点
排　　版	中国水利水电出版社微机排版中心
印　　刷	北京印匠彩色印刷有限公司
规　　格	184mm×260mm　16开本　8.25印张　138千字
版　　次	2021年11月第1版　2021年11月第1次印刷
印　　数	0001—1000册
定　　价	**98.00元**

本书编委会

前　言

近年来，党中央和国家高度重视人才队伍建设，在《中华人民共和国国民经济和社会发展第十四个五年规划和 2035 年远景目标纲要》中，共四处与国企人才队伍建设明确相关，充分肯定了人才在经济社会发展中的重要地位和作用。随着我国经济进入高质量发展阶段，电力行业将由电力互联向能源互联转型，电力职业领域受到深刻影响，新的形势要求国家电网有限公司金华供电公司（以下简称"公司"）进一步优化人才队伍职业发展服务。公司坚持以人才发展规划为引领，以科学发展观和科学人才观为指导，着力实施员工职业生涯管理工程，加强公司人才队伍员工职业生涯规划指引和服务，为此，公司组织编写了本书，以帮助员工全面掌握国家电网有限公司（以下简称"国网公司"）的人才战略。

该书结合电网企业员工发展特点，辅导员工规划个人职业生涯目标及职业通道建设，指导人才评价管理人员规范提升业务水平，加快员工发展与公司发展战略的有机融合，为企业发展创造做好人才支撑。本书共分为四个部分：人才发展的基本概念介绍人才、职业发展和职业发展通道的概念；职业发展通道建设介绍通道体系、通道晋升概要、通道最优路径；人才评价管理指导介绍评价职能与职责、材料与审查、考核与激励、培养与使用；人才评价工作流程介绍专家人才、职称评定、技能评价工作流程及常见应用系统等。

本书从个人发展与人才评价管理双角度出发，对电网企业员工开展职业发展通道自我建设提升，帮助公司评价管理工作者快速掌握评价管理工作，对公司的人才队伍建设发挥着指导作用。

本书内容基于书稿完成时的相关政策规定，具有时效性。若遇政策变化，请以最新规定为准。

在此向参与本书编写、研讨、审核的各位领导、专家及有关单位致以诚挚感谢！限于编者水平和经验，书中难免存在疏漏，敬请批评指正。

编写组

目 录

第一章

人才发展的基本概念

一、人才的概念

人才，是指具有一定的专业知识或专门技能，能够胜任岗位能力要求，进行创造性劳动并对公司发展做出贡献的人，是人力资源中能力和素质较高的员工。

企业的人才根据岗位分类一般可以分为经营人才、管理人才、技术人才、技能人才。经营人才指在企业中负责经营决策的单位负责人；管理人才指运用相关专业领域的方法和经验，负责企业某类业务的管理，在企业生产经营活动进行支持或监督岗位工作的人员；技术人才指运用相关知识和技术，在负责企业各类生产经营活动及相关业务技术管理的岗位工作人员；技能人才指在生产技能岗位工作的人员。

要实现人才全面发展，不仅要搭建好横向流动的"桥梁"，还要竖立起纵向发展的"阶梯"。

二、职业发展的概念

职业发展，是指企业用来帮助员工获取工作所需的技能、知识的一种规划。实际上，职业发展是企业对人力资源进行的知识、能力和技术的发展性培训、教育等活动。

三、职业发展通道的概念

职业发展通道是进行职业生涯管理的基础条件之一，通过整合企业内部各个岗位，设置多条职业发展系列并搭建职业发展阶梯，通过岗位能级映射，探测岗位间的关联，为员工提供广阔的职业发展平台，如行政序列、技术序列、销售序列、管理发展序列。

公司在灌输企业发展战略的基础上，明确不同序列的职位任职资格，融合企业的长期发展愿景和个人的职业目标，为员工设计清晰、明确和公平的职业发展通道，并与员工培养使用、薪酬激励相结合，形成企业的人才队伍建设方案，实现员工价值与企业发展的可持续发展。

第二章

职业发展通道建设

一、通道体系介绍

职业发展通道体系建设旨在为广大员工提供职业发展指引，帮助和引导广大员工做好职业规划，明确职业发展目标，加快提升自身基础能力建设（技能、职称持证等），员工可结合自身实际发展需要，根据职务、职员、专家的聘任标准在职务、职员、专家之间实现三通道互通，最终实现自我价值与公司价值的有效契合，为公司战略发展提供强有力的人才支撑。

结合电网员工发展特点，职业发展通道体系中有领导职务、职员职级和专家人才三个主发展通道：领导职务发展通道包括五级正（副）职、四级正（副）职、三级正（副）职、二级正（副）职、一级正（副）职5个发展等级，职员职级发展通道包括七级职员、六级职员、五级职员、四级职员、三级职员、二级职员、一级职员7个发展等级，专家人才发展通道包括县公司级专家、地市公司级优秀专家、省公司级高级专家、国网公司级首席专家、国网公司级中国电科院院士5个发展等级。

职业发展通道体系中还有职称资格晋升、技能等级晋升和持证资格获取等基础能力建设：职称资格晋升包括员级、助理级、中级、副高级、正高级职称5个晋升等级，技能等级晋升包括初级工、中级工、高级工、技师、高级技师5个晋升等级。近年来，国家在试点开展"新八级"职业技能等级评价改革，在现有5个职业技能等级基础上，向上增设特级技师、首席技师技术职务（岗位），向下补设学徒工，形成八级工职业技能等级（岗位）序列，打破技能人才成长"天花板"。职业发展通道导航图如图 2-1 所示。

●○●○ 图 2-1　职业发展通道导航图

二、通道晋升概要

（一）专家人才通道内容及晋升要求概要

专家人才通道，是指以业绩和能力水平为基础，由高至低依次设置三类五级专家人才队伍，形成"人才结构合理、培养目标明确、发展通道畅通"的专家人才发展通道，通过公开选拔，将德才兼备、业务精通、贡献突出的优秀员工聘任到相应的专家等级，进一步激励员工立足岗位成才。

1.人才序列级分类

（1）系统内人才序列。

人才分类，分为"三类"：根据国网公司相关文件规定，结合公司经营管理的实际情况，分为科技研发类、生产技能类和专业管理类。

人才分级，分为"五级"：国网公司级设中国电科院院士、首席专家，省公司级设高级专家，地市公司级设优秀专家，县公司级设专家，共五个层级。

结合人才分级标准，专家人才可做三类五级划分，见表 2-1。

表2-1 三类五级人才

三　类	五　级				
	国网公司级	国网公司级	省公司级 高级专家	地市公司级 优秀专家	县公司级 专家
科技研发类	中国电科院院士	首席专家	二级专家	四级专家	六级专家
			三级专家	五级专家	七级专家
生产技能类	中国电科院院士	首席专家	二级专家	四级专家	六级专家
			三级专家	五级专家	七级专家
专业管理类	中国电科院院士	首席专家	二级专家	四级专家	六级专家
			三级专家	五级专家	七级专家

（2）系统外人才序列。

根据中共中央组织部、人力资源和社会保障部（以下简称"人社部"）、国务院国有资产监督管理委员会等部门关于人才管理序列的有关规定进行人才分级，一般可分为"四级"：国家级、省部级、厅局级、厂处级四个层级，分别参加由国家或地方政府等相关单位组织的推优评选，优先推荐系统内作出重大贡献的专家人才参与国家和地方政府人才评选。

国家级人才：由国务院和国家有关部委组织评选产生、授予国家级人才称号的专家人才。国家级人才称号以国务院和国家有关部委正式文件命名为准，主要包括：中国科学院院士，中国工程院院士；享受国务院政府特殊津贴的科学、技术专家（以下简称"特贴专家"），有突出贡献的中青年科学、技术专家（以下简称"突贡专家"），新世纪"百千万人才工程"国家级人选（以下简称"百千万人才"）；创新人才推进计划"中青年科技创新领军人才"、全国创新争先奖获得者；"中华技能大奖"获得者，全国技术能手、全国青年岗位能手等。

省部级人才：等同于国网公司级人才，包括中央企业技术能手、全国电力行业技术能手、电力行业技能人才培育突出贡献奖先进个人、中国电机工程学会会士、电机学会青年人才托举工程人选、省级杰出人才（科技创新领军人才、青年拔尖人才）、省级"千人计划"（青年"千人计划"）、省级"百人计划"专家、"百千万人才工程"省级人选、享受省政府特殊津贴专家、有突出贡献的中青年省级科学技术专家、省级中青年科技创新领军人才、省首席技师（技能状元、技能大师、技能标兵、技术能手、工匠）、省青年岗位能手等。

厅局级人才：等同于省公司级人才，包括地市政府拔尖人才、青年岗位能手、技能大师、首席技师、技能之星、技术能手、八婺工匠、技术标兵、十佳能工巧匠、百名一线优秀技术员工等。

厂处级人才：等同于地市公司级人才，包括县（区）政府科技创新领军人才、技能标兵、技术能手、工匠等。

2. 专家人才选拔规模

"十四五"期间，中国电科院院士选拔规模根据国家能源战略、产业发展和关键核心技术攻关等需要确定；首席专家选拔规模为300名；二级专家20名、三级专家100名；四级专家100名、五级专家900名；六级专家100名、七级专家900名。坚持宁缺毋滥原则，适当向紧缺人才、基层人才、技术技能人才倾斜。科技研发类和生产技能类专家人才规模原则上不低于总规模的70%，专业管理类专家数量不超过总规模的25%。

3. 专家人才选拔条件

公司各级单位具有较好政治素养的所有长期在岗职工均可参与专家人才评选。专家人才选拔条件见表2-2。

表2-2　　　　　　　　　　　专家人才选拔条件

专家称谓	晋升等级	申报资格条件			
		从事本专业工作年限	破格条件	技能/职称等级	绩效考核
中国电科院院士	国网公司级	20年以上	（1）近3年绩效等级积分累计达到5.5分及以上的，可缩短工作年限要求1年。（2）硕士研究生学历职工可缩短工作年限要求2年。（3）博士研究生学历职工可缩短工作年限要求4年。（4）业绩优异的省部行业级（含国网公司级）及以上人才，可缩短工作年限要求4年	高级技师或高级职称及以上	近三年累计达到4.5分及以上，且上年度绩效考核B及以上
首席专家	国网公司级	15年以上		高级技师或高级职称及以上	
高级专家	省公司级	15年以上		高级技师或高级职称及以上	
优秀专家	地市公司级	10年以上		高级技师或高级职称及以上	
专　家	县公司级	5年以上		技师或中级职称及以上	

4. 专家人才业绩获得途径

（1）竞赛获奖方面。

参加系统内外专业竞赛、知识调考、选拔评选，并获得相应名次及荣誉，授予人才称号或获评荣誉称号等。

（2）创新创效方面。

负责或参与班组内外创新创效活动，并获得相应成果奖项，包含：科学技术奖励（技术发明奖、科学技术进步奖、技术标准创新贡献奖、专利奖、年度科技人物奖）、专利申请（发明、实用新型、外观设计）、职工技术创新活动、质量管理小组活动（QC活动）、管理创新、软科学、战略研究（优秀调研）"五小"（小发明、小创造、小设计、小革新、小建议）创新等。

（3）专业水平方面。

负责或参与编写行业标准规范、技术规程、标准制度、工艺流程、操作手册等工作；承担重点工作试点任务；主动探索新的管理模式；向上级单位争取电网发展、建设等方面政策支持。

（4）学术贡献方面。

个人或合作在正式纸质技术期刊发表论文（被SCI、EI收录或核心期刊、普通期刊发表）、公开出版专著等。

（5）难题攻关等其他方面。

能够有效解决重点工程建设等工作中的难题，可形成典型经验，具有推广价值；在规划、建设专业工作中拥有绝招绝技，能够提升工作效率或解决关键问题（相关业绩材料参考附录三）。

（二）职员职级通道内容及晋升要求概要

职员职级通道，是指以岗位和职务等级为基础，由高到低依次设置一至七级职员，形成"层次划分清晰、职数设置合理、任职资格明确、发展路径通畅"的职员职级发展通道。按照择优选聘的原则，将绩效表现好、能力素质强的优秀员工聘任到相应的职级，进一步激励员工立足岗位成才。

1. 职员职级序列

职员职级由高至低依次为一至七级，各级职员职数按照机构设置和人员编制确定，占用所在机构的人员编制。省公司级单位设二至五级职员，地市公司级单位设三至七级职员，县公司级单位设四至七级职员。

2. 职员职级选聘条件

职员职级选聘条件见表 2-3。

表 2-3　　　　　　　　　　　　　　**职员职级选聘条件**

职员职级	申报任职条件					
	能 力 要 求				年 限 要 求	
	学历	职称等级	技能等级	绩效积分	首次聘任年限	晋升年限
一级职员	大学本科及以上	高级职称（高级技师），或行业通用的高级职业资格		近三年年度绩效积分不少于45分	担任三级正职领导职务满7年	二级职员满7年
二级职员					担任三级副职领导职务满6年	三级职员满6年
三级职员					担任四级正职领导职务满5年	四级职员满6年
四级职员		中级职称（技师），或行业通用的中级职业资格			担任四级副职领导职务满4年	五级职员满5年
五级职员	大学专科及以上	中级及以上职称或技师及以上技能等级			18年以上工龄，从事相关专业岗位工作满6年	六级职员满5年
六级职员					15年以上工龄，从事相关专业岗位工作满5年	七级职员满4年
七级职员		初级及以上职称或初级工及以上技能等级			9年以上工龄，从事相关专业岗位工作满4年	—

3. 破格聘任和晋升条件

获得省部级及以上表彰奖励的、获得重大发明创造和科技创新成果的、长期扎根一线的、艰苦边远地区的员工等，各单位可适当放宽聘任条件。

各级专家人才聘任职员时，可减少任职（工作）年限，国家级、国网公司级、省公司级、地市公司级、县公司级专家人才可分别减少5、4、3、2、1年，其中具备多个级别称号的专家人才，在聘期内只能就高减少一次年限。

职员首次聘任时，其学历、职称或技能等级比任职条件每高一个等级，任职或工作年限可适当减少。

（三）领导职务通道内容及晋升要求概要

领导职务通道是指根据党管干部、德才兼备、以德为先、任人唯贤、事业为上、人事相宜等原则，由比较成熟、可重点关注的优秀骨干、人才，提任为公司党委管理的领导（管理）人员。

1. 领导职务序列

领导职务由高至低依次为一至五级领导（管理）人员，各级职务职数按照机构设置和人员编制确定，根据管理关系规范单位层级，省公司为二级单位，地市公司及业务单位为三级单位，县公司及业务单位为四级单位。省公司负责管理三级领导（管理）人员，设有三级正（副）职；地市公司级单位负责管理四级领导（管理）人员，设有四级正（副）职；县公司级单位负责管理五级领导（管理）人员，设五级正（副）职。

2. 领导职务通道与其他通道的互通关系

领导职务与职员职级、专家人才发展通道实行三通道"纵向并行、横向互通"，职员职级、专家人才与职务职级之间双向流动，原则上不互相兼任。

职员职级与职务职级之间实行"之字形"晋升模式，形成"相互补充、交叉成长、螺旋上升"的激励培养格局。

专家人才与职员职级、职务职级之间可上下层级间互通转换，一般情况下不与职务职级、职员职级之间相互兼任。

（四）技能等级晋升要求概要

技能等级晋升是员工在符合相应条件下进行技能等级逐级评价的过程，技能等级评价是指对技能岗位人员的职业素养、专业知识、专业技能、工作业绩和潜在能力等进行考评的活动。按照国家规定的职业标准，通过政府授权的考评机构，对劳动者的专业知识和技能水平进行客观公正、科学规范地评价和认证，成绩合格者授予规定等级的评价证书。

1. 技能等级评价组成

电力行业对技能等级评价申报者的考评以定量考核为主、定性考核为辅，强调解决实际问题的能力。高级工及以下等级评价一般采用专业知识考试、专业技能考核、工作业绩评定等方式进行。技师及以上等级除进行上述三项考核以外，还要进行潜在能力考核和综合评审。

（1）专业知识考试。

考核与本职业（工种）相关的基础知识、专业知识、相关知识以及新知识，主要内容包括理论体系、设备原理、有关规程。理论知识考试一般采用笔试或网络机考的方式进行。

（2）专业技能考核。

结合生产实际和职业（工种）的特点，考核基本技能、专门技能和相关技能。认证申报者需掌握现场操作、分析、判断、解决本职业（工种）生产技术问题和工艺问题的实际技能。专业技能考核采取在实训室设备、仿真设备或生产现场进行操作考核的方式进行。

（3）工作业绩评定。

主要评定安全生产、工作业绩及职业道德。认证申报者围绕上述内容进行工作业绩总结，所在单位业绩评定小组根据申报者的日常工作表现和工作业绩进行评定，评定应突出实际贡献。

（4）潜在能力考核。

要求认证申报者撰写能反映本人实际工作情况和专业技能水平的技术总结和论文，对于字数有一定要求。主要内容包括：解决或主要参与解决的生产技术难题，技术革新或合理化建议取得的成果，传授技艺和提高经济效益等方面取得的成绩。潜在能力考核采取答辩方式进行。

（5）综合评审。

主要对参评人员业绩成果、实际贡献、技艺绝活、各环节考评结果等进行综合评审。综合评审采取无记名投票方式进行表决，三分之二及以上评委同意视为通过。

评价人员范围：长期职工，公司系统从事相应工种技术技能岗位工作且符合申报条件的长期在岗职工，该类人员须在公司人力资源 ERP 一级部署系统备案，可直接通过技能等级评价管理信息系统报名；省管产业单位聘用职工等委托评价人员，从事相应工种技术技能岗位工作，且符合申报条件，可通过委托评价方式参评（委托评价人员原则上应在国网人力资源 ERP 系统、省管产业单位 SG-NC 系统或公司相关 ERP 系统在册）。

2. 技能等级评价及工种目录

技能等级评价可分为初级工、中级工、高级工、技师和高级技师共 5 个等级。由相应评价等级主体责任单位组织开展技能等级评价工作，符合申报条件的技能岗位长期在岗职工自主申报，供电服务公司职工、省管产业单位聘用职工可委托评价。现阶段可供评价的工种目录已在省人社厅备案，实行动态管理，同一等级相关工种之间可以转评，年限累计计算，技能等级评价工种目录见表2-4。

表2-4 技能等级评价工种目录

序号	职业编码	《国家职业分类大典》职业名称	《国家职业分类大典》工种名称	国网公司对应工种名称
1	4-02-06-01	仓储管理员	—	物资仓储作业员
2	4-02-06-03	物流服务师	—	物资配送作业员
3	4-04-01-03	信息通信业务员	—	信息通信客户服务代表
4	4-04-02-01	信息通信网络机务员	电力通信	通信运维检修工
5	4-04-04-01	信息通信网络运行管理员	—	通信调度监控员、通信工程建设工
6	4-04-04-02	网络与信息安全管理员	网络安全管理员	网络安全员
7	4-04-04-03	信息通信信息化系统管理员	—	信息调度监控员、信息工程建设工、信息运维检修工
8	4-04-05-03	呼叫中心服务员	—	客户代表
9	4-09-01-04	水工监测工	—	水工监测工
10	4-11-01-00	供电服务员	用电客户受理员	用电客户受理员
11			抄表核算收费员	抄表核算收费员
12			电力负荷监测运维员	电力负荷控制员、智能用电运营工
13			用电检查（稽查）员	用电监察员
14			装表接电工	装表接电工
15			农网配电营业工	农网配电营业工（台区经理）、农网配电营业工（综合柜员）
16	6-24-02-01	变压器互感器制造工	变压器装配工	变压器制造工
17	6-28-01-05	发电集控值班员	—	集控值班员
18	6-28-01-06	电气值班员	—	电气值班员
19	6-28-01-09	水力发电运行值班员	水电站值班员	发电厂运行值班员
20	6-28-01-14	变配电运行值班员	变电站运行值班员	变配电运行值班员、电力调度员（主网）、电力调度员（配网）、电网监控值班员
21			配电房（所、室）运行值班员	配网自动化运维工、配电运营指挥员
22			换流站运行值班员	换流站值班员
23	6-28-01-15	继电保护员	—	继电保护员

序号	职业编码	《国家职业分类大典》职业名称	《国家职业分类大典》工种名称	国网公司对应工种名称
24	6-29-01-03	混凝土工	混凝土浇筑工	土建施工员
25	6-29-02-10	水工建构筑物维护检修工	水电站水工建构筑物维护检修工	水工建构筑物维护检修工
26	6-29-02-11	电力电缆安装运维工	—	电力电缆安装运维工（输电）、电力电缆安装运维工（配电）
27			送配电线路架设工	架空线路工
28	6-29-02-12	送配电线路工	送配电线路检修工	配电线路工、送电线路工、高压线路带电检修工（输电）、高压线路带电检修工（配电）、无人机巡检工
29			送电线路直升机航检员	航检作业员
30	6-29-03-08	电力电气设备安装工	电力工程内线安装工	变电二次安装工、换流站直流设备检修工（二次）、电网调度自动化厂站端调试检修工、电网调度自动化维护员
31			变电设备安装工	变电一次安装工
32	6-31-01-03	电工	—	电工
33	6-31-01-04	仪器仪表维修工	—	电能表修校工、水电自动装置检修工
34	6-31-01-06	汽轮机和水轮机检修工	水轮机检修工	水泵水轮机运检工、水轮机调速器检修工
35	6-31-01-07	发电机检修工	发电厂发电机检修工	发电机检修工
36	6-31-01-08	变电设备检修工	开关设备检修工	变电设备检修工、水电厂变配电设备检修工、换流站直流设备检修工（一次）
37			变压器设备检修工	变电设备检修工
38	6-31-01-09	工程机械维修工	起重机械	机具维护工
39	6-31-03-06	试验员	—	带电检测工、电气试验工

注　1.《国家职业分类大典》中混凝土工设立了初级工、中级工、高级工技能等级，未设立技师、高级技师技能等级；公司将统一组织技师、高级技师评价，但仅为公司系统内部评价，人社部无法查询评价结果。

　　2. 技能等级评价工种目录每年会有微调，以具体年度评价文件为准。

3. 技能等级晋升条件

规定年度内无直接责任重大设备损坏、人身伤亡事故，且符合申报条件的技能岗位长期在岗职工，根据所在单位技能等级评价工作安排，向所在单位人事部门提交申报。技能等级晋升申报条件见表2-5和表2-6。

表2-5　　　　　　　　　　　　　技能等级晋升申报条件

晋升等级	申报条件				
	申报资格	累计本职业（工种）或相关职业（工种）工作年限	评价方式	绩效考核	转岗评价
初级工	本岗位培训合格	0	专业知识考试+专业技能考核	无	持有技能等级证书，转至非相关职业（工种）岗位后，累计从事新岗位工作满2年，可申报转入岗位对应职业（工种）同等级别评价
	累计从事本职业（工种）或相关职业（工种）工作	满1年			
中级工	取得本职业（工种）或相应职业（工种）初级工后	满4年	专业知识考试+专业技能考核	无	
	累计从事本职业（工种）或相关职业（工种）工作	满6年			
	技工学校及以上本专业或相关专业毕业	满1年			
高级工	取得本职业（工种）或相应职业（工种）中级工后	满5年	专业知识考试+专业技能考核+工作业绩评定		
	大专及以上本专业或相关专业毕业，并取得本职业（工种）或相关职业（工种）中级工后	满2年			
技师	取得本职业（工种）或相应职业（工种）高级工后	满4年	专业知识考试+专业技能考核+工作业绩评定+潜在能力考核+综合评审	近三年每年绩效考核C及以上	
	高级技工学校、技师学院及以上本专业或相关专业毕业，并取得本职业（工种）或相关职业（工种）高级工后	满3年			
高级技师	取得本职业或相关职业（工种）技师技能等级证书后	满4年	专业知识考试+专业技能考核+工作业绩评定+潜在能力考核+综合评审	近三年每年绩效考核C及以上	
特技技师	取得高级技师技能等级证书且仍从事本职业（工种）工作	满5年	思想品德评价+工作业绩展示+答辩+综合评审	（待定）	（待定）

表 2-6 优秀技能人才晋升直接认定

晋升等级	直接认定条件（任选一条）			
中级工	省公司级技能竞赛：对获各职业（工种）决赛第4~15名的选手	省（自治区、直辖市）人社部门主办的职业技能竞赛：对获奖选手按竞赛奖励相关规定，可晋升技能等级		
高级工	国家一类职业技能大赛：对获各职业（工种）决赛第6~20名的选手	国家二类职业技能竞赛或公司级技能竞赛：对获各职业（工种）决赛第4~15名的选手	省公司级技能竞赛：对获各职业（工种）决赛前3名的选手；对获各职业（工种）决赛第4~15名的选手，已具有中级工等级的	省（自治区、直辖市）人社部门主办的职业技能竞赛：对获奖选手按竞赛奖励相关规定，可晋升技能等级
技师	国家一类职业技能大赛：对获各职业（工种）决赛前5名的选手；对获各职业（工种）决赛第6~20名的选手，已具有高级工等级的	国家二类职业技能竞赛或公司级技能竞赛：对获各职业（工种）决赛前3名的选手；对获各职业（工种）决赛第4~15名的选手，已具有高级工等级的	省公司级技能竞赛：对获各职业（工种）决赛前3名的选手，已具有高级工等级的	省（自治区、直辖市）人社部门主办的职业技能竞赛：对获奖选手按竞赛奖励相关规定，可晋升技能等级
高级技师	国家一类职业技能大赛：对获各职业（工种）决赛前5名的选手，已具有技师等级的	国家二类职业技能竞赛或公司级技能竞赛：对获各职业（工种）决赛前3名的选手，已具有技师等级的	省（自治区、直辖市）人社部门主办的职业技能竞赛：对获奖选手按竞赛奖励相关规定，可晋升高级技师的	

4. 职称转评技能条件

为多渠道畅通技能人员技能等级晋升资格，打通职称与技能等级互通通道，技能岗位的职称人员取得相应职称资格且满足相应年限要求时，也可同等条件下申报技能等级晋升。技能等级晋升转评条件见表2-7。

表 2-7 技能等级晋升转评条件

晋升等级	转 评 申 报 条 件			
	资 格	累计本职业（工种）或相关职业（工种）工作年限	评 价 方 式	绩效考核
高级工	取得助理工程师职称	满3年	工作业绩评定＋理论知识考试＋技能操作考核	无
技师	取得工程师职称	满6年	工作业绩评定＋理论知识考试＋技能操作考核＋潜在能力考核＋综合评审	近三年每年绩效考核C及以上

晋升等级	转评申报条件			
	资　格	累计本职业（工种）或相关职业（工种）工作年限	评　价　方　式	绩效考核
高级技师	取得高级工程师职称	满10年	工作业绩评定＋理论知识考试＋技能操作考核＋潜在能力考核＋综合评审	近三年每年绩效考核C及以上
特技技师	具有与申报职业（工种）贯通的正高级职称	仍在与申报职业（工种）相关领域	（待定）	（待定）

5. 其他社会通用工种技能认证

原则上，在电力行业特有工种、电力通信专业工种岗位上工作的人员，必须参加系统内的职业技能鉴定，不得参加其他社会通用工种（如电工技师、维修电工高级技师、人力资源管理师、采购师等）的技能认定。其他岗位人员经向公司申报，可以申报参加其他社会通用工种的技能认证。

（五）职称资格晋升要求概要

职称又称"专业技术资格"，是专业技术人才学术技术水平和专业能力的主要标志。主要分类有：电力工程、工业工程、电力政工、电力档案、电力新闻、电力卫生、技工院校教师以及电力经济、电力会计等系列，按照既定标准和规定程序评定取得。

职称资格晋升等级分为初级（员级、助理级）、中级、高级、正高级。由相应评定主体责任单位组织开展职称申报工作，符合职称申报条件的技能岗位长期在岗职工可自主申报。

卫生、经济、会计、统计、审计、出版、翻译系列初中级职称实行"以考代评"，一律参加各地方政府组织的全国专业技术人员职业资格（执业或职业资格）考试取得，相应评价等级主体责任单位进行统一确定后方可有效。高级审计师、高级会计师、高级统计师、高级经济师等实行考评结合（即考试和评审）的方式进行评定。国网系统内职称评定系列及范围见表2-8，国网系统外职称系列及评定标准参见地方人事考试网站相应文件。

表2-8   国网系统内职称评定系列及范围

职称系列	可申报级别及资格名称	专业名称及专业范围
电力工程	工程系列（初级、中级、副高、正高）	热能动力工程专业：发电机、锅炉、汽轮机、燃气轮机、热工过程控制及其仪表、供热与制冷、建筑与安装、物料输送、金属与焊接、火电厂化学、工程测量、环境保护、新型发电技术及其他与热能动力工程有关的专业
		水能动力工程专业：发电机、水能利用（含水库）、工程地质、水文泥沙、水工建筑物、水力机械、金属结构、水电厂自动化、工程测量、环境保护、新能源发电技术及其他与水能动力工程有关的专业
		输配电及用电工程专业：电动机、变压器、绝缘技术、高低压电器设备、输电线路和变电站、配电与用电系统及控制、电气测量技术、工程测量、环境保护、电能质量管理及其他与输配电及用电工程有关的专业
		电力系统及其自动化专业：电力系统规划与设计、电力系统运行与分析、电力系统自动化、继电保护及安全自动装置、电力系统通信及其他与电力系统及其自动化有关的专业
工业工程	工程系列（初级、中级、副高、正高）	系统规划与管理：行业、企业发展战略的研究、制定与实施；工程项目的可行性研究、咨询与评估；科研规划的研究、论证与评估；企业诊断和经济分析；生产工艺过程的系统分析、规划、设计与实施；工艺过程的设计与控制；新产品、新工艺、新技术的规划、论证、评估与实施；管理信息系统的规划、设计、评估与实施等
		设施规划与设计：工程项目总体设计；工程项目的选址、平面设计；工艺、设备、场地、厂房及公用设施、物流系统的规划、设计与改造；组织机构、岗位和职务的设计等
		方法与效率工程：生产组织形式和工作方法的研究、设计与控制；工作定额标准、劳动定额标准的分析、测定、改进、制定与评价
		生产计划与控制：生产发展规划、年度生产计划和生产作业计划的编制与控制；库存管理；设备管理；计算机辅助生产管理信息系统的设计、实施、改善与评价等
		质量与可靠性管理：质量与可靠性的规划与管理；质量管理体系的设计与实施；行业或企业标准的研究、制定与实施；质量控制、质量审核、质量教育；质量与可靠性检验；质量与可靠性管理信息系统的设计、实施、改进与评价等
		营销工程：经营战略与策略的研究、论证与实施；市场分析、预测、决策的研究与论证；新产品开发研究与论证；市场开发研究、论证与实施；用户服务系统的设计和产品销售的售前或售后技术服务等
		工业安全与环境：劳动保护计划的研究、制定与实施；环境保护计划的编制与实施；安全法规、标准、规程及其相应措施的研究、制订与实施；安全、卫生与环境的管理；分析、评价并控制危险和有害的因素；事故的分析与处理等
		人力资源开发与管理：人力资源发展规划的编制与实施；组织结构的设计、工作职能分析和岗位职务的设计与评价；职业资格和职称的设计与评价；工作激励与劳酬制度及标准的制定与实施；工作评价、绩效评估与考核；人员培养计划和人员选拔计划的编制与实施；职工教育，技术培训和岗位培训计划的编制与组织实施等

职称系列	可申报级别及资格名称	专业名称及专业范围
电力经济	经济系列（初级、中级、副高、正高）	电力经济：计划管理、企业管理、人力资源管理、电力营销管理、物资管理、工程造价管理
电力会计	会计系列（初级、中级、副高、正高）	电力会计：从事会计专业技术工作的人员
技工院校教师	技工院校教师系列（初级、中级、副高、正高）	技工院校、培训机构从事教学及相关专业技术工作的人员，申报者均须取得相应教师资格
电力档案	档案系列（初级、中级、副高、正高）	从事档案专业技术工作的人员
电力卫生	卫生系列（初级、中级、副高、正高）	从事卫生系列医、药、护、技专业技术工作的人员
电力新闻	新闻系列（初级、中级、副高、正高）	电力新闻：在有正式刊号并公开发行的报纸、期刊和经正式批准的电视台、新媒体（包括但不限于客户端、微博、微信公众号、短视频等新媒体传播平台）从事记者、编辑、摄影摄像、美术编辑工作（含新闻发布、通联、信息搜集管理、业务管理和学术研究）的专业人员
电力政工	政工系列（初级、中级、副高）	电力政工：群众工作、保卫工作、离退休干部管理工作、党建精神文明建设工作、纪检和监察工作

1. 职称评定系列及范围

职称评定的范围一般包括工程、经济、会计、技工院校（职业院校）教师、档案、卫生、新闻等系列（专业），具体评定范围以人社部授权为准，国网职称系列、可申报级别及专业范围见表2-8，参加地方人事部门考试的职称系列申报标准参见地方政府相应文件。

2. 职称评定形式及方式

通过职称评定活动实现职称晋升，职称评定是指按照既定标准和规定程序对专业技术人员的思想品德、职业道德、学术造诣、技术水平和专业能力进行评价的活动，包括认定（确认）和评审两种形式。

评定方式包括考试、评审、考评结合、考核认定、个人述职、面试答辩和业绩积分等。高级职称评定方式按照人力资源和社会保障部备案规定执行，中级职称评定方式可根据实际需要和有关规定，由各省公司自主选择确定。国家规定采用"考试""考评结合"的系列（专业），按有关规定执行。职称评定形式及评定方式见表 2-9。

表 2-9　　　　　　　　　　职称评定形式及评定方式

职称系列	评定形式	评 定 方 式
工程系列、技工院校教师系列、档案系列、新闻系列、政工系列	初级：认定	考核认定
	中级：认定、评审	资格评审 + 业绩积分 + 考试
	副高级：评审	资格评审 + 业绩积分 + 考试
	正高级：评审	资格评审 + 面试答辩
卫生系列、会计系列、经济系列等	初级、中级：认定	通过全国统考后，系统内考核认定（确认）
	高级：评审	考评结合
	正高级：评审	资格评审 + 面试答辩
出版系列、翻译系列	初级、中级、副高级：认定	通过全国统考后，系统内考核认定（确认）
	教授级高工：委托地方评审	参照地方规定执行

注　工程、档案、政工系列申报者需先参加公司组织的副高级职称考试，再凭考试合格证书（有效期内）参加公司组织的副高级职称评审。针对从事信息通信、计算机类相关专业技术人员，中级、副高级职称考试专业设置"自动化技术"专业。

规定年限是指在取得规定学历的前提下，申报评定相应级别职称必须具备的本专业年限和现职称后本专业年限。

"本专业年限"是指截止申报年度 12 月 31 日，本人参加工作后所从事的与申报系列一致的专业技术工作累积年限之和。

"现职称后本专业年限"是指截止申报年度 12 月 31 日，取得现职称后所从事的与申报系列一致的专业技术工作累积年限之和。

3. 职称认定

具备规定学历、达到专业技术工作年限要求，有一定工作水平、能力、业绩等，经考核合格可通过认定的方式取得相应职称。职称认定条件见表 2-10。

4. 职称确认（全国统考）

卫生、经济、会计、统计、审计、出版、翻译系列初中级职称实行"以考代评"，一律参加各地方政府组织的全国专业技术人员职业资格考试取得，相应评价等级主体责任单位进行统一确认后取得相应职称。职称确认条件见表2-11。

表2-10　　　　　　　　　　　　职 称 认 定 条 件

学　　历	年　　限	认定级别	认 定 范 围
中专	从事本专业工作满一年	员级	认定专业范围参照表2-9
中专	取得员级职称后从事本专业工作满四年	助理级	认定专业范围参照表2-9
大专	从事本专业工作满三年	助理级	认定专业范围参照表2-9
本科	从事本专业工作满一年	助理级	认定专业范围参照表2-9
入职前取得双学士学位	入职当年	助理级	认定专业范围参照表2-9
硕士学位（或研究生学历，下同）	入职当年	助理级	认定专业范围参照表2-9
硕士学位（或研究生学历，下同）	从事本专业工作满3年（国外学制不满2年的硕士需4年）	中级	认定专业范围参照表2-9
博士	入职当年	中级	认定专业范围参照表2-9

注　认定电力工程资格必需具备理工类专业学历，具备专业不对口的学历，需取得两门及以上大专层次专业对口的专业课程自学考试单科结业证书，或取得华北电力大学电气工程专业课程研修班结业证书。

表2-11　　　　　　　　　　　　职 称 确 认 条 件

职称系列	学　　历	确认条件	确认范围	统 考 时 间
经济、统计系列	高中	从事专业工作满1年	初级	高级经济考试一般于6月中旬进行；初级、中级经济和初级、中级、高级统计考试一般于10月中下旬进行（具体时间以人事考试院考试通知为准）
经济、统计系列	大学专科	从事专业工作满6年	中级	高级经济考试一般于6月中旬进行；初级、中级经济和初级、中级、高级统计考试一般于10月中下旬进行（具体时间以人事考试院考试通知为准）
经济、统计系列	大学本科	从事专业工作满4年	中级	高级经济考试一般于6月中旬进行；初级、中级经济和初级、中级、高级统计考试一般于10月中下旬进行（具体时间以人事考试院考试通知为准）
经济、统计系列	双学士学位或研究生班毕业	从事专业工作满2年	中级	高级经济考试一般于6月中旬进行；初级、中级经济和初级、中级、高级统计考试一般于10月中下旬进行（具体时间以人事考试院考试通知为准）
经济、统计系列	取得硕士学位	从事专业工作满1年	中级	高级经济考试一般于6月中旬进行；初级、中级经济和初级、中级、高级统计考试一般于10月中下旬进行（具体时间以人事考试院考试通知为准）
经济、统计系列	博士学位	入职当年	中级	高级经济考试一般于6月中旬进行；初级、中级经济和初级、中级、高级统计考试一般于10月中下旬进行（具体时间以人事考试院考试通知为准）
会计、审计系列	高中	从事专业工作满1年	初级	初级、高级会计职称考试一般于5月中下旬进行；中级会计职称考试一般于9月初进行；审计职称考试一般于10中旬进行（具体时间以人事考试院考试通知为准）
会计、审计系列	大学专科	从事专业工作满6年	中级	初级、高级会计职称考试一般于5月中下旬进行；中级会计职称考试一般于9月初进行；审计职称考试一般于10中旬进行（具体时间以人事考试院考试通知为准）
会计、审计系列	大学本科	从事专业工作满4年	中级	初级、高级会计职称考试一般于5月中下旬进行；中级会计职称考试一般于9月初进行；审计职称考试一般于10中旬进行（具体时间以人事考试院考试通知为准）
会计、审计系列	取得双学士学位或研究生班毕业	从事专业工作满2年	中级	初级、高级会计职称考试一般于5月中下旬进行；中级会计职称考试一般于9月初进行；审计职称考试一般于10中旬进行（具体时间以人事考试院考试通知为准）
会计、审计系列	取得硕士学位	从事专业工作满1年	中级	初级、高级会计职称考试一般于5月中下旬进行；中级会计职称考试一般于9月初进行；审计职称考试一般于10中旬进行（具体时间以人事考试院考试通知为准）
会计、审计系列	取得博士学位	入职当年	中级	初级、高级会计职称考试一般于5月中下旬进行；中级会计职称考试一般于9月初进行；审计职称考试一般于10中旬进行（具体时间以人事考试院考试通知为准）

注　以上职称须经人社部考试取得证书后经电力系统内确认方可生效。

5. 职称评审

（1）正常申报。

具备规定学历、达到专业技术工作年限要求，有一定工作水平、能力、业绩等，经评审通过后取得相应职称。

1）申报中级资格。

大学本科毕业或大学专科毕业，助理级资格年限满4年；双学士学位或硕士学位，助理级职称后本专业年限满2年（学制不满2年的国外硕士需满3年），可申报评审中级职称。其中：

a. 技工院校教师系列。申报讲师职称需具备大学本科学历。中等职业学校（技工学校）毕业，助理级职称后本专业年限满5年；双学士学位或大学本科毕业，助理级职称后本专业年限满3年，可申报一级实习指导教师职称。

b. 档案系列。中专毕业，助理级职称后本专业年限满7年；双学士学位，助理级职称后本专业年限满4年，可申报中级职称。

2）申报副高资格。

大学本科毕业或双学士学位或硕士学位，中级职称后本专业年限满5年；博士学位，中级职称后本专业年限满2年，可申报评审副高级职称。其中：

a. 经济、会计系列。大学专科毕业，中级职称后本专业年限满10年，可申报副高级职称。

b. 卫生系列。大学专科毕业，中级职称后本专业年限满7年，可申报副高级职称。

c. 政工系列。大学专科毕业，中级职称后本专业年限满13年，或中级职称后本专业年限满5年且"本专业年限"满20年，可申报副高级职称。

d. 技工院校教师、卫生系列。大学本科及以上学历毕业，中级职称后本专业年限满5年，可申报副高级职称。

3）申报正高级资格。

具备大学本科及以上学历（工程系列需理工科、卫生系列需卫生专业），副高级职称后本专业年限满5年，"本专业年限"要求本科满15年、双学士及硕士满12年、博士满7年，可申报评审正高级职称。非本专业副高级职称，需转评后方可申报。职称评审条件及要求见表2-12。

表 2-12　　　　　　　　　　　　职称评审条件及要求

职称系列	学历	年　限　要　求	评审级别
工程系列	大学专科或大学本科	助理级职称后本专业年限年满 4 年	中级
	双学士学位或硕士学位	助理级职称后本专业年限满 2 年（学制不满 2 年的国外硕士需满 3 年）	中级
	大学本科或双学士学位或硕士学位	中级职称后本专业年限满 5 年	副高级
	博士学位	中级职称后本专业年限满 2 年	副高级
	大学本科及以上	副高级职称后本专业年限满 5 年，"本专业年限"要求本科满 15 年、双学士及硕士满 12 年、博士满 7 年	正高级
档案系列	中专	助理级职称后本专业年限满 4 年	中级
	大学专科及以上	与工程系列年限一致	中级、副高、正高
技工院校教师系列	大学本科	助理级职称年满 4 年，且"现职称后本专业累积年限"满 4 年或"现职称后本专业连续年限"满 2 年	中级（讲师）
	双学士学位或大学本科	助理级职称后本专业年限满 3 年	中级（一级实习指导教师）
	中等职业学校（技工学校）	助理级职称后本专业年限满 5 年	中级（一级实习指导教师）
经济、会计、审计、统计系列	大学专科	中级职称后本专业年限满 10 年	副高级
	大学本科及以上	"现职称后本专业累积年限"满 5 年，"本专业年限"要求本科满 15 年、硕士满 11 年、博士满 7 年	正高级
政工系列	大学专科	中级职称后本专业年限满 13 年，或中级职称后本专业年限满 5 年且"本专业年限"满 20 年	副高级
卫生系列	大学专科	中级职称后本专业年限满 7 年	副高级
	大学本科及以上	"现职称后本专业累积年限"满 5 年，"本专业年限"要求本科满 15 年、硕士满 11 年、博士满 7 年	正高级

注　申报工程系列必需具备理工类专业学历、卫生系列需卫生专业，具备专业不对口的学历，需取得两门及以上大专层次专业对口的专业课程自学考试单科结业证书，或取得华北电力大学电气工程专业课程研修班结业证书可参加初级认定、中级和副高级职称评审；卫生系列正高评审需卫生专业；经济、会计、审计、统计系列职称评审需通过参加全国考试并经电力系统内确认后才能取得职称。

（2）破格申报。

为加快优秀专业技术人员职称等级晋升，优秀专业技术人员取得相应职称破格资格且满足相应年限要求，同等条件下可破格申报职称等级晋升，只能使用一次。破格申报条件见表 2-13。

表 2-13　　　　　　　　　　破 格 申 报 条 件

晋升等级	破 格 评 定 条 件	
副高级	获得省部级科技进步奖、技术发明奖、自然科学奖二等奖及以上奖励的主要贡献者、享受省部级政府特殊津贴人员	不具备规定学历的可破格申报
		不具备规定的职称年限（现职称年限、现职称后本专业年限、本专业年限），可破格提前 1 年申报
正高级	（1）获得国家科技进步奖、技术发明奖、自然科学奖二等奖及以上奖励的主要贡献者。（2）"百千万人才工程"国家级人选、万人计划专家、创新人才推进计划专家、享受国务院政府特殊津贴人员、全国高端会计人才培养工程毕业学员、中华技能大奖获得者、全国技术能手、担任国家级技能大师工作室带头等国家级人才。（3）获得中国专利金奖	可破格直接申报正高级及以下职称

（3）同级转评及跨系列高报。

员工因工作调动或岗位调整，经本人提出申请、所在单位审核后，可申报现岗位专业对应的职称。通过"考试""考评结合"形式取得职称者，跨系列（专业）申报必须按照国家有关规定，参加国家职称考试。同级转评及跨系列高报年限要求见表 2-14。

表 2-14　　　　　　　同级转评及跨系列高报年限要求

晋 升 等 级	同 级 转 评	跨系列高报
	现职称后本专业年限	
员级	2 年及以上	满足职称申报相应年限要求
助理级		
中级		
高级		
正高级	无	

（4）技能转评职称条件。

为多渠道畅通技能人员职称晋升资格，打通职称与技能等级互通，在工程技术领域生产一线岗位工作、具有理工科学历、符合工程系列学历层次要求且取得现从事专业相应资格的员工，可申报评定电力工程类职称。技能转评职称条件见表 2-15。

表2-15 　　　　　　　　　　技能转评职称条件

晋升等级	转　评　条　件			
	资　格	从事技术技能工作年限	评价方式	绩　效　考　核
助理级职称	取得高级工后	2	评定	近三年均为 C 级及以上
中级职称	取得技师后	3		
高级职称	取得高级技师后	4		

6.电力英语、计算机

根据职称申报相关规定，英语及计算机能力不再作为职称申报必备条件，仅作为职称评定的水平能力标准之一。申报时，是否提交电力英语、计算机合格证书由申报者自行决定，2019 年度起只认可国网系统统考的电力英语、计算机成绩，2020 年取消免试条件。电力英语、计算机及继续教育要求见表2-16。

表2-16 　　　　　　　　　电力英语、计算机及继续教育要求

项目	要　　求
电力英语	"专业技术人员电力英语水平考试合格证书"分为A、B、C三个等级。A级有效期4年[①]（截止日为取证的第 4 年年底），B 级、C 级有效期3年（截止日期为取证的第 3 年年底）。A 级适用于申报正高级、副高级和中级职称；B 级适用于申报副高级、中级职称；C 级适用于申报中级职称
计　算　机	"专业技术人员电力计算机水平考试合格证书"分为 A、B 两个等级。A 级有效期 4 年（截止日为取证的第 4 年年底），B 级有效期 3 年（截止日期为取证的第 3 年年底）。A、B 级合格证书可申报各级别职称
继续教育学时	继续教育学时要求：专业技术人员参加继续教育的时间每年累计不得少于 90 学时，其中专业科目不得少于 60 学时。继续教育学时当年度有效，不可结转使用。 　　继续教育形式包括：①参加培训班、研修班等；②参加公司网络大学、学习强国等远程教育和现场培训等；③参加学术会议、学术讲座、学术访问等；④正式发表出版著作、论文、专利等；⑤参加课题研究、项目开发、标准制度等；⑥参加继续教育实践活动等符合规定的其他继续教育方式。 　　职称认定前 1 年和评定前 3 年的继续教育年度总学时不达标的，不得申报，具体学时折算方法详见附录一

① 　四年有效期的算法，2021 年考取的英语和计算机，可用于 2022—2025 四个年度的职称评定，用至 2026 年申报 2025 年度职称评定。

7.业绩积分事项

业绩积分，指对申报者专业技术水平、能力、业绩实行在线量化积分。采取专业理论水平积分、主要贡献积分、作品成果积分、水平能力积分、申报人员所在单位评价积分等多维评价方式进行鉴定（业绩积分标准详见附录二）。

中级职称，最终评定结果以申报者加权总积分和专业与能力考试成绩按一定比例进行加权计算确定。

副高级职称，主管单位（需登录该系统）复审并确认后，"职称申报系统"按统一规范的副高级业绩积分标准计算出各项实际积分和实际总积分，实际总积分与政治表现、职业道德经加权后得出加权总积分，加权总积分达标者方可进入相应系列评审委会正式评审阶段。

正高级职称暂未施行业绩积分评定方式。

（六）职业持证计划概要

1. 安全生产取证类

取证对象：未取证的班组技术员、安全员、工作票签发人、停复役申请审批人等。安全生产取证类清单见表2-17。

表2-17 安全生产取证类清单

证书名称	取证对象	有效期	安全等级		考核方式	主管专业部门
安全技术等级证	未取证的班组技术员、安全员、工作票签发人、停复役申请审批人等	3年	省公司4~5级	地市公司1~3级	口试＋理论	安全监察部（以下简称"安监部"）
应急救援基干队员证	应急救援岗位相关人员	3年	分初、中、高三个等级		理论＋实操	
紧急救护证	一线员工	2年			理论＋实操	

2. 专业工种取证类

取证对象：专业部门根据专业岗位持证要求，员工须持证上岗。专业工种取证类清单见表2-18。

表2-18 专业工种取证类清单

证书名称	取证对象	有效期	考核方式	主管专业部门
调度自动化主站端（厂站）作业人员岗位取证	调度自动化主站端（厂站）作业人员	3年	理论及实操考试	调控中心
地调调度、监控人员、县调调控员岗位资格取证	调度员、监控员	3年	理论考试	调控中心
110kV、220kV运维人员资格新取证	变电运维人员	3年	理论及实操考试	运检部

证书名称	取证对象	有效期	考核方式	主管专业部门
输电线路带电作业资质取证	输电线路运维人员	4年	理论及实操考试	运检部
配电带电作业资质取证	配电带电作业人员	4年	理论及实操考试	运检部
电缆不停电作业取证	电缆不停电作业人员	4年	理论及实操考试	运检部
特种作业类取证	特种作业人员	3年	理论及实操考试	安监部
电工进网作业许可证（高低压）	未取证的进网作业电工	3年	理论及实操考试	安监部

（七）其他各类人才评选

1.专技类

侧重人才专业技术水平，具有较强创新意识，专业技术成果或工作业绩突出，在专业领域起到带头人或领军人物作用，在研究开发和推广应用新技术、新材料、新工艺，推动重大科技成果方面成绩突出，被社会和同行公认，产生显著经济社会效益的，可推荐申报评选国家级"万人计划"、国家级有突出贡献的中青年专家、"百万人才工程"国家级人选、创新人才推进计划"中青年科技创新领军人才"、省级突贡专家、浙江省151人才、市拔尖人才、市321人才等，由组织部、人社部等地方政府部门通知，公司组织推荐申报。

2.技能类

侧重人才技能实操水平，具有精湛技能、在同行中拥有较高知名度，获得相关技能荣誉、入选相应技能人才培养项目，或在技术革新、技术改造、攻克技术难题中作出突出贡献，取得突出经济效益或社会效益，或在培养技能人才和传授技艺方面有突出贡献，或培养选手获得职业技能竞赛优异成绩的，可推荐申报评选政府特殊津贴、中华技能大奖、全国技术能手、全国青年岗位能手、省级新时代浙江工匠、电力行业技术能手、市级新时代八婺金匠等，由人社部、共青团、总工会等通知，公司组织推荐申报。

三、职业发展通道最优路径图（以理工科基层员工为例）

职业发展通道最优路径是指在广大员工打造职业发展通道体系中，员工可以在这个通道体系内明确定位适用于各类岗位人才的职业发展通道，并清晰该通道各成长阶段的主要发展目标和晋升资格条件，从而制订符合自身实际职业成长需求和能力提升方向的最优职业发展计划，并在工作实践中不断践行及优化职业成长发展。

职业发展通道最优路径旨在为各级各类人才提供公平公正、透明公开、标准清晰的职业发展上升通道，从而激发广大员工队伍的组织活力，实现人才的职业化发展和组织的价值化提升。

（一）公司长期在岗员工

1. 中专学历

具有中专学历（理工科）的员工，应加强自身职业基础能力建设。职称资格最高可获得助理工程师资格，技能等级最高可获得高级技师，最短时间分别为5年和12年。最优路径建议：双通道同时开展晋升。具体路径如图2-2所示。

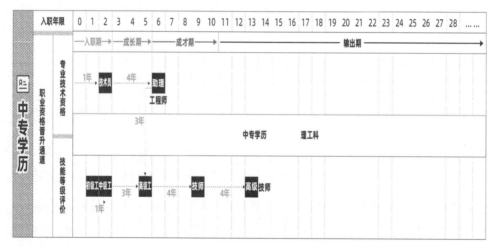

●○●○ 图2-2　员工职业发展通道最优路径示意图（中专学历）

2. 大专学历

具有大专学历（理工科）的员工，职业发展通道有职员职级、专家人才、领导职务3个通道。职称最高可获得工程师资格，最短9年可获得高级技师。职员职级晋升通道最高可获得六级职员和相应薪资待遇。专家人才晋升通道可获得县公司级专家人才和相应薪酬待遇。

最优路径建议：双通道开展职业资格晋升，注意助理工程师与高级工之间、工程师与技师之间存在转评通道，通过转评可提前参加相应级别的技能资格晋升，获评相应职业资格水平及符合相应条件后，可开启职员职级、专家人才晋升通道并提高相应薪资待遇。具体路径如图 2-3 所示。

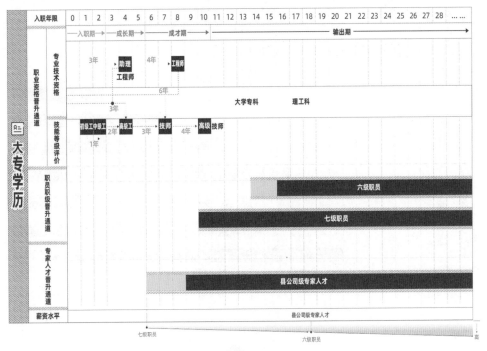

●○●○ 图 2-3　员工职业发展通道最优路径示意图（大专学历）

3. 本科学历

具有本科学历（理工科）的员工，职业发展通道为职员职级、专家人才、领导职务 3 个通道。最短 10 年（双学士学位本科人员）可获得高级工程师，15 年可获得正高级工程师，10 年可获得高级技师。职员职级晋升通道最高可获得四级职员和相应薪资待遇。专家人才晋升通道可获得国网公司级专家人才和相应薪酬待遇。

最优路径建议：双通道开展职业资格晋升，注意助理工程师与高级工之间、工程师与技师之间存在转评通道，通过转评可参加相应级别的技能资格晋升，获评助理工程师且满本专业工种 3 年可参加高级工技能等级评价，获评工程师且满本专业工种 6 年可参加技师技能等级评价，获评相应职业资格水平及符合相应条件后，可开启职员职级、专家人才晋升通道并提高相应薪资待遇。具体路径如图 2-4 所示。

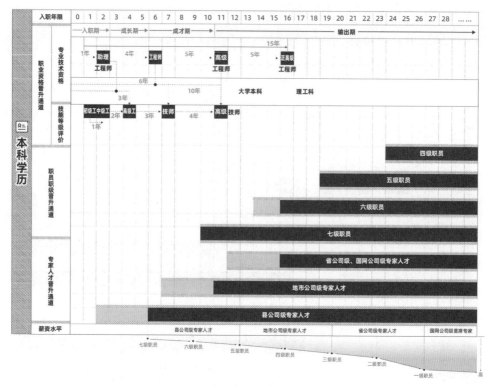

●○●○ 图 2-4　员工职业发展通道最优路径示意图（本科学历）

4. 研究生硕士学历

具有研究生硕士学历（理工科）的员工，职业发展通道为职员职级、专家人才、领导职务 3 个通道。最短 13 年可获得正高级工程师，9 年可获得高级技师。职员职级晋升通道最高可获得四级职员和相应薪资待遇。专家人才晋升通道可获得国网公司级专家人才和相应薪酬待遇。

最优路径建议：双通道开展职业资格晋升，注意工程师与技师之间、高级工程师与高级技师之间存在转评通道，通过转评可参加相应级别的技能资格晋升，获评获评工程师且满本专业工种 6 年可参加技师技能等级评价，获评高级工程师且满本专业工种 5 年可参加高级技师技能等级评价，获评相应职业资格水平及符合相应条件后，可开启职员职级、专家人才晋升通道并提高相应薪资待遇。具体路径如图 2-5 所示。

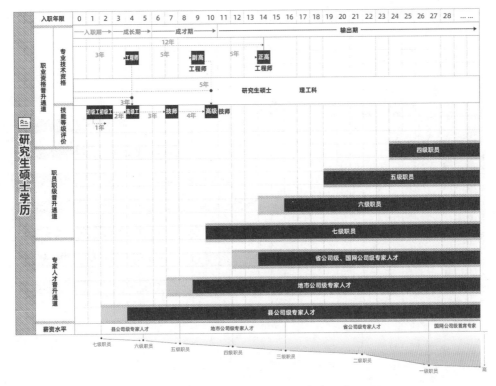

●○●○ 图 2-5 员工职业发展通道最优路径示意图（研究生硕士学历）

5. 博士学历

具有博士学历（理工科）的员工，职业发展通道为职员职级、专家人才、领导职务 3 个通道。最短 7 年可获得正高工程师资格，10 年可获得高级技师。职员职级晋升通道最高可获得四级职员和相应薪资待遇。专家人才晋升通道可获得国网公司级专家人才和相应薪酬待遇。

最优成长路径建议：双通道开展职业资格晋升，注意工程师与技师之间、高级工程师与高级技师之间存在转评通道，通过转评可提前参加相应级别的技能资格晋升，获评获评工程师且满本专业工种 6 年可参加技师技能等级评价，获评高级工程师且满本专业工种 5 年可参加高级技师技能等级评价，获评相应职业资格水平及符合相应条件后，可开启职员职级、专家人才晋升通道并提高相应薪资待遇。具体路径如图 2-6 所示。

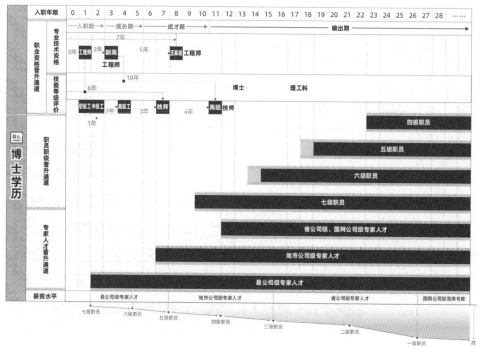

●○●○ 图 2-6　员工职业发展通道最优路径示意图（博士学历）

（二）供电服务公司员工

1. 中专学历

具有中专学历（专业对口）的供电服务公司员工，职业发展通道为能级发展通道。职称最高可获得助理工程师资格，技能等级最高可获得高级技师，能级发展通道最高可获得八级师及相关薪酬待遇。具体路径如图 2-7 所示。

2. 大专学历

具有大专学历（专业对口）的供电服务公司员工，职业发展通道为能级发展通道。职称最高可获得工程师资格，最短 10 年可获得高级技师。能级发展通道最高可获得八级师及相关薪酬待遇。具体路径如图 2-8 所示。

3. 本科学历

具有本科学历（专业对口）的供电服务公司员工，职业发展通道为能级发展通道。最短 10 年可获得高级工程师资格，10 年可获得高级技师。能级发展通道最高可获得八级师及相关薪酬待遇。具体路径如图 2-9 所示。

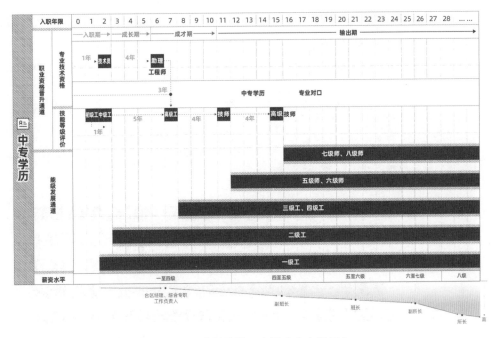

●○●○ 图2-7 供电服务公司员工成长路径示意图（中专学历）

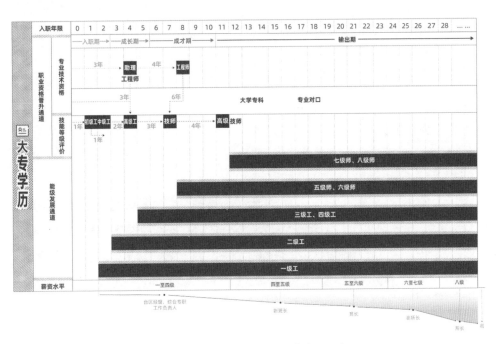

●○●○ 图2-8 供电服务公司员工成长路径示意图（大专学历）

4. 研究生硕士学历

具有研究生硕士学历（专业对口）的供电服务公司员工，职业发展通道为能级发展通道。最短 8 年可获得高级工程师资格，10 年可获得高级技师。能级发展通道最高可获得八级师及相关薪酬待遇。具体路径如图 2-10 所示。

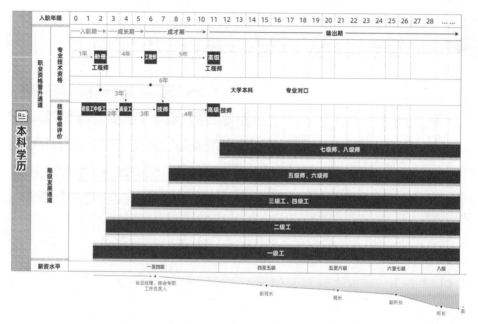

●○●○ 图 2-9　供电服务公司员工成长路径示意图（本科学历）

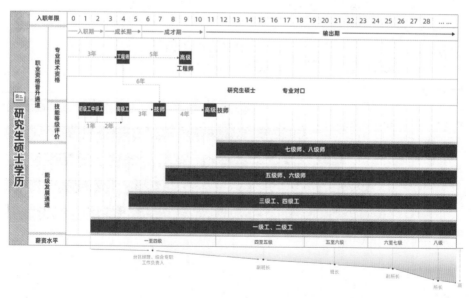

●○●○ 图 2-10　供电服务公司员工成长路径示意图（研究生硕士学历）

第三章

人才评价管理指导

人才评价是对人才较长时间内的表现和工作内容的评价，是人才管理工作的重要组成部分，它的评价对象是人才，并且融入于人才管理的全流程，强调建立对人才全职业周期的评价。人才评价在现代管理中不可或缺，是人才管理的前提基础和依据，企业为了更好地管理和发挥人才的作用，需要根据各类人才的特征和目标要求建立相应的人才评价体系，明确不同级别人才的等级晋升标准以及业绩考核标准。

人才评价是人才工作的"风向标"，又是人才工作的"指挥棒"，科学的人才评价机制，对于树立正确的用人导向、激励引导人才职业发展、调动人才创新创业积极性具有重要作用。

以下从人才评价管理角度对员工职业发展管理进行指导提升。

一、职能与职责

人才评价工作由各级单位人才工作领导小组领导下分级管理实施，涉及机构层级有国网公司（评价中心、指导中心）、省公司（评价中心、培训中心）、地市公司（评价中心）、县公司级。

（一）专家人才

专家人才工作实行"党组（党委）领导、人资归口、专业主责、分级管理"模式。各级人力资源部是专家人才队伍建设的归口管理部门，各级专业部门是本专业人才队伍建设责任部门，各级用人单位是本单位专家人才队伍建设主体。国网公司专家人才管理机构及职责见表3-1。

表3-1　　　　　　　　　　　　国网公司专家人才管理机构及职责

管理机构	专家层级	职　　责
国网公司	（1）中国电科院院士。 （2）首席专家	（1）组建国网公司专家人才队伍。 （2）制订专家人才管理制度。 （3）组织开展国网公司级专家人才评选、培养、使用、激励和考核工作。 （4）指导和监督各单位专家人才管理工作
省公司	高级专家（二级、三级）	（1）组织建设省公司专家人才队伍。 （2）制订省公司范围内专家人才管理制度。 （3）组织开展二级和三级专家的评选、培养、使用、激励和考核等工作。 （4）指导和监督各单位专家人才管理工作。 （5）建设管理信息系统，搭建交流平台，总结推广典型经验
地市公司	（1）优秀专家（四级、五级）。 （2）专家（六级、七级）	（1）组织建设地市公司级及以下专家人才队伍。 （2）评选推荐上级专家人才候选人，报备本单位专家人才评选结果。 （3）组织开展四至七级专家评选、培养、使用和考核等工作。 （4）指导和监督所属单位专家人才管理工作。 （5）宣传优秀事迹，总结推广典型经验

（二）职称评定

职称评定管理坚持"服务发展、以用为本、科学评价、公开公正"原则，建立以品德、能力、业绩为导向的职称评定体系，尊重和体现各类人才价值。按照"统筹管理、分级评价"要求，国网人力资源部整体规划、系统安排；各自主评审单位组织落实、具体施行；各级人才评价中心配合保障、做好支撑。国网公司职称管理机构及职能见表3-2。

表3-2　　　　　　　　　　　　国网公司职称管理机构及职能

管理机构	评定等级	职　　责
国网公司	（1）正高级资格评定。 （2）副高级资格评定	（1）建立健全职称评定管理体系。 （2）定期向人社部申请职称评定资格授权。 （3）组织制订职称管理制度。 （4）组织建立统一职称评定管理信息平台。 （5）总结推广职称评定典型经验。 （6）指导、监督和考核各单位职称评定工作，提供政策支持和服务

管理机构	评定等级	职　责
省公司（人才评价中心）	（1）中级资格评审。 （2）中级资格认定	（1）制订中级职称评定实施细则，组建中级职称评委会级评审专家库。 （2）组织开展中级职称评定工作（工程类、政工类）。 （3）组织员工申报高级职称，组织推荐高级职称评委会专家人选；组织部分专业（档案等）中级职称申报。 （4）授权所属单位对员工取得公司评审范围外的职称进行确认。 （5）总结提炼职称评定典型经验，提供政策支持和服务
地市公司	（1）初级资格认定。 （2）初级、中级资格（会计师、经济师、统计师、审计师、计算机软件专业）确认	（1）组织员工申报职称，开展初级职称认定、公司范围外（通过国家考试资格人员）中级职称确认工作。 （2）推荐各级职称评委会专家人选。 （3）应用职称评定结果，激励员工成长发展

（三）技能等级评价

技能等级评价管理坚持"战略引领，服务发展；放管结合，分级评价；机制创新，激发活力；统筹推进，规范实施"原则。建立以职业能力为导向、以工作业绩为重点、注重职业道德和知识水平的技能人才评价体系。公司符合条件的单位可对本单位职工开展技能等级评价。可接受委托，向本单位劳务派遣、劳务外包等各类用工，以及其他参控股单位、代管单位、供电服务公司和省管产业单位提供技能等级评价服务。国网公司技能评价管理机构及职能见表3-3。

表3-3　　　　　　　　国网公司技能评价管理机构及职能

管理机构	评价等级	职　责
国网公司（指导中心、评价基地）	高级技师等级评价	（1）落实国家技能等级评价政策，构建公司技能等级评价体系，制订技能等级评价制度。 （2）统筹管理公司技师及以下技能等级评价工作。 （3）建立公司技师及以下技能等级评价职业（工种）目录、标准、题库以及技能等级评价管理信息系统。 （4）核准各单位技师及以下技能等级评价权限。 （5）指导、检查、考核各单位技师及以下技能等级评价工作
省公司（评价中心、评价基地）	技师及以下等级评价	（1）落实公司及所在省（自治区、直辖市）人社部门技能等级评价工作要求，构建本单位技能等级评价体系。 （2）定期向国网人力资源部申请技师及以下技能等级评价权限，并向所在省（自治区、直辖市）人社部门备案。 （3）组织或授权技师及以下技能等级评价，明确评价范围、申报条件、评价方式及内容。 （4）组织开展本单位技师及以下技能等级评价题库、设备设施及评价队伍建设管理
地市公司		（1）组织本单位符合条件人员参加评价，应用评价结果。 （2）受托组织开展技师及以下技能等级评价工作

二、材料与审查

（一）申报材料要点

1. 申报前准备材料

按现资格后要求先写好工作总结。准备好最高学历、学位证书，现职业资格（技能／职称等）证书，英语、计算机合格证书，各类获奖证书（项目的各类获奖证书和个人的荣誉证书），发表论文和技术报告等原件及扫描件（大小在规定范围之内）。若业绩材料原件中无法证明该项目、制度或报告，必须出具证明材料，证明申报人在该项工作中的角色，证明材料必须由申报人所在部门或项目负责部门负责人签名和盖章，再由人力资源部审核盖章并扫描。

2. 专家人才申报需提供材料

（1）个人基本信息资料，包括从事本专业工作年限证明、现技能／职称等级证书、现职业资格证书、最高学历、学位证书、工作总结。

（2）个人荣誉证明资料。

（3）履职贡献（即员工年度绩效证明，近三年绩效累计及上年绩效）。

（4）业绩证明资料，包括成果获奖资料（按级、奖项类别、授予单位排序）、授权专利。

（5）学术贡献证明资料，包括发表论文、出版专著、查新证明。

（6）专业水平相关资料，包括参加制度规范编制证明、参加重点任务证明资料、参加难题攻关证明资料。

（7）破格申报证明。

（8）提供的纸质复印件与佐证材料均需单位人力资源部审核签字盖章，扫描件上传申报系统。

3. 职称申报需提供材料

（1）毕业证书、学位证书复印件。

（2）符合条件的资格证书复印件。

（3）符合条件的英语、计算机证书。

（4）专业技术工作总结。

（5）佐证材料（含业绩、成果、荣誉、论文、技术报告等复印件或扫描件，视要求而定）。

（6）材料清单。

（7）初级认定（确认）需填写的职称认定（确认）表，各单位确认盖章。

（8）中级、副高级评定需提供系统打印的初审表、主要贡献鉴定意见表、作品成果鉴定意见表、所在单位评价意见表和申报职称公示表。

（9）职称申报人员提供纸质的复印件与佐证材料均需单位人力资源部审核签字盖章，中级、副高级"三类意见表"经单位鉴定确认盖章后扫描件上传申报系统。

4.技能等级申报需提供材料

技能等级申报需提供材料清单见表3-4。委托评价人员还需提供签订合同单位出具的评价委托函。

表3-4　　　　　　　　　技能等级申报需提供材料清单

晋升等级	晋升准备材料	备　注
初级工	（1）培训合格证明。 （2）考评申报表	（1）国网学堂线上提交材料。 （2）提供纸质的复印件与佐证材料均需单位人资部审核签字盖章。 （3）以技工院校及以上本专业或相关专业资格条件报名的，需提供学历学位资格证书。 （4）以职称贯通条件报名的，需提供相应职称资格证书。 （5）直接认定人员需提供相应竞赛名次获奖证书
中级工	（1）资格证书扫描件。 （2）职工本岗位（工种）工作年限证明。 （3）考评申报表	
高级工	（1）资格证书扫描件。 （2）职工本岗位（工种）工作年限证明。 （3）工作业绩评定材料。 （4）考评申报表	
技师	（1）资格证书扫描件。 （2）职工本岗位（工种）工作年限证明。 （3）获奖证书及成果证明材料。 （4）工作业绩评定材料。 （5）专业技术总结。 （6）考评申报表	
高级技师	（1）资格证书扫描件。 （2）评价考评申报表。 （3）职工本岗位（工种）工作年限证明。 （4）获奖证书及成果证明材料。 （5）工作业绩评定材料。 （6）职业素养评价材料。 （7）专业技术总结。 （8）考评申报表	

（二）材料审查要点

1. 主要贡献类审查要点

申报人员必须同时满足业绩条件、作品成果相关要求，资格后业绩内容应与从事及申报专业相关。项目成效有关文字描述中需体现本人角色、项目名称、项目内容、项目结果及本人贡献。同一项成果多次获奖，只选最高级别。关于业绩成果的"主要贡献者"，对于集体获奖项目，需是该项目排名靠前的第一、第二完成人及主要完成（参加）者；若排名靠后，但确是主要完成（参加）者，需提供本人所在单位主管部门出具的正式文件，该文件需后附第一、第二完成人分别亲自撰写并签名的"证明书"。文件及"证明书"需表明在该项目中被证明人承担任务的内容、重要程度及排名位次和排名靠后的原因，以及其他获奖人员名单（如获奖人数超过15 人，可仅列出前 15 人名单并注明获奖总人数）。

成果获奖级别参考：

（1）国家级：国家科学技术进步奖包括国家自然科学奖、国家科学技术进步奖、国家技术发明奖 3 类，其他奖项不计作国家级奖项。

（2）省部级（含行业级、国网公司级）：国网公司设立的科学技术进步奖、技术发明奖、技术标准创新贡献奖、专利奖、管理创新成果奖 5 类；省级单位颁发的奖项；各部委（国家级行业）设立的奖项；中国电机工程学会、中国电力企业联合会等省部级行业协（学）会颁发的奖项，科学技术部公布的社会力量设立的科学技术奖项；中国企业联合会颁发的全国企业管理现代化创新成果奖。

（3）地市级（含省公司级）：各省公司颁发的科学技术进步奖、管理创新成果奖；各地市设立的奖项；各省厅局级设立的奖项；各省行业协会（学会）的专业奖。

（4）厂处级（含地市公司，省公司直属单位级）：地市公司，省公司直属单位颁发的奖项。

（5）其他：国家知识产权局设立的中国专利金奖按省部级一等奖计分，中国专利奖、中国专利优秀奖按省部级二等奖计分。其他未标明奖项等级的优秀奖、优质奖、特别奖、创新奖、进步奖、管理创新成果奖等奖项，按同级别三等奖处理。

2. 作品成果类审查要点

论文或技术报告内容应与所从事及申报专业相关，内容不相关的作品属无效作品。严格按照申报要求中规定的论文或技术报告等代表作品的数量要求，但也可灵活掌握：如规定"论文 2 篇或技术报告 2 篇"或"论文 1 篇或技术报告 2 篇"，也可分别提供 1 篇；如规定"论文 3 篇或技术报告 2 篇"或"论文 3 篇或技术报告 3 篇"，也可提供论文 2 篇、技术报告 1 篇。论文或著作必须是正式发表或出版，录用通知不予认可。申报时提供书（刊）的封面、目录（交流或评选的证书）和本人撰写的内容即可，不必将整本书（刊）一同提交。技术报告等（未出版）必须有体现个人角色的专业技术负责人证明页。

作品成果审核参考：

（1）"核心期刊"审查封面或目录版权页上印制中文核心期刊、中国科技核心期刊，并比对北大图书馆相应年份发布的《中国核心期刊目录》、中国科学技术信息研究所出版的《中国科技核心期刊目录》、南京大学中文社会科学引文索引(CSSCI)来源期刊目录。SCI 收录或 EI 收录的文章需提供有大学图书馆或教育部科技查新工作站盖章的收录证明，且注明查新工作人员的姓名和电话。

（2）"有正式刊号的普通期刊"审查以封面或版权页上有 ISSN 和 CN 的组合字样出现为准。可在国家新闻出版广电总局或中国知网、万方数据等期刊数据登录网站查询。

（3）"省（直辖市、自治区）批准的内部准印期刊"审查以封面或版权页上有"×内资准字"出现为准，如：《电力人力资源》，为"京内资准字 9908—L0825"。

（4）"学术会议上发表"必须要有学术会议主办部门的证明页。

（5）"著作"审查以有正规的出版社为准。佐证材料要求著作封面、版权页、编委页、目录页、正文节选、出版单位出具的字数证明。

（6）技术报告等："技术报告"应为申报者在当时完成专业技术项目之后，对完成或解决某项具体技术工作问题的报告（经济、政工专业可提供调研报告、课题研究报告）。每份技术报告均须对应上传并提供专业技术负责人的证明（或鉴定意见）原件。

三、考核与激励

人才激励是指通过各种有效的激励手段，激发人才的需求、动机、欲望，形成某一特定目标并在追求这一目标的过程中保持高昂的情绪和持续的积极状态以发挥潜力，最终达到预期效果的活动。人才考核是指按照一定的标准，采用科学的方法，衡量与评定人才完成岗位职责任务的能力与效果的管理方法。

（一）专家人才考核与激励

1.专家人才考核

专家考核实行年度考核和聘期考核相结合的考核机制。年度考核采用述职评议的方式，主要考核当年年度任务书的完成情况。聘期考核采用述职评议和业绩举证相结合的方式。考核内容主要包括思想品德、目标任务、创新能力、业绩贡献、人才培养和团队建设等。专家考核结果分为优秀、称职、基本称职和不称职4个等级，其中优秀率不超过20%。出现违反国家法律法规和公司员工奖惩规定、供电服务奖惩规定、安全工作奖惩规定的，受到处分的、年度绩效考核为D级的、专家人才年度考核不称职的、辞职的、解除劳动合同的、专业变动的、其他不适合的情形等，取消称号和相应待遇。

2.专家评选后激励

专家人才坚持精神激励与物质奖励相结合。优先推荐作出重大贡献的专家人才参加国家和地方政府人才评选，加大专家人才福利保障激励力度，改善生产办公条件，安排参加荣誉类疗休养和专项体检，参加所在层级本部员工轮训，提供医疗保障增值服务，企业年金分配适度向专家人才倾斜。国家和地方政府选评的专家人才，公司按照政府奖励标准加发同等水平奖励，政府无奖励的，由各单位根据地方经济水平，结合实际发放一次性奖励。

两院院士在职期间每年津贴20万元，退休后每年补贴70万元，国网级电科院院士，在职期间每年津贴15万元，退休后学术聘任，每个聘期3年，不超过2个聘期，每年发放50万补贴。首席专家薪酬待遇参照一级职员标准确定，退休后学术聘任期间，每年发放40万元补贴。二至七级专家薪酬待遇参照二至七级职员标准确定。

设置聘期专项激励，专家聘期考核优秀的，奖励当年度绩效工资的3%~5%；聘期考核基本称职的，扣减当年度绩效工资的3%~5%。

（二）职称获得后考核与激励

评定结果应用于薪酬调整、人才评选、人员流动和岗位晋升等，并作为参加国家和行业人才选拔评选的必要条件。职称申报人员通过弄虚作假、暗箱操作等违规违纪行为取得的职称予以撤销，3年内不得申报。

途径一：津贴式激励。根据现有政策，目前已考取高级职称（技能等级）的退休人员在退休次年享受高级职称（技能等级）津贴。职业资格津贴见表3-5，具体以地方政府发放标准为准。

表3-5　　　　　　　　　　　　　　职业资格津贴　　　　　　　单位：　元/月

年份	副高级	正高级	年份	副高级	正高级
第一年	230	300	第四年	920	1200
第二年	460	600	第五年及以后	1150	1500
第三年	690	900			

途径二：选聘式激励。具有学术造诣深，知识面广，在所从事专业领域取得较为突出的工作业绩和贡献，有一定专业水平和能力的职称评审的技能人才，可推荐选拔职称评审专家，参加评审工作，发放专家评审费。

途径三：中级及以上职称人员列入相应专业评标专家库及内训师队伍，参加相关工作时给予一定的专家费。

（三）技能等级获得后考核与激励

评价结果应用于薪酬调整（薪挡积分提升）、人才评选和岗位晋升等，并作为参加国家和行业职业技能鉴定的必要条件。

途径一：选聘式激励。具有一定技能水平且技能等级符合相应条件的技能人才可遴选聘用为技能评价考评员/督导员。考评员从低至高分为初级考评员、中级考评员和高级考评员。高级考评员可承担各等级评价工作，中级考评员承担技师及以下等级评价工作，发放考评专家费。督导员对技能评价工作进行全过程质量督导，发放督导专家费。

途径二：津贴式激励。根据现有政策，目前已考取技能等级的供电服务公司技能人员在工资薪酬中有相应体现，技能工资津贴见表3-6，具体以各单位工资发放标准为准。

表3-6   技能工资津贴   单位： 元／月

技能等级	初级工	中级工	高级工	技师
技能工资	200	300	400	600

途径三：积极鼓励支持技能人员参加政府举办的技能竞赛，争取政府相关的津贴或奖励，并支持争取相应的技能人才等称号。

四、培养与使用

人才工作实行选拔、培养、使用、考核和激励一体化动态管理。组织专业部门与优秀人才签订年度任务书，赋予人才技术路线决策权、团队组建权、内部分配权，以及在标准、制度、规范、规程等相关专业领域的审核权，推动优秀人才发挥作用；各单位应以优秀人才为骨干组建柔性团队，为优秀人才创新创造和技艺传承提供条件；鼓励优秀人才揭榜挂帅重大科研和工程项目，统筹安排其科研任务和自主研发经费；支持参与重要项目论证、重大科研计划和重点工程建设，发挥带动引领作用；强化优秀人才传帮带和人才培养责任，建立优秀人才师带徒制度，充分发挥优秀人才的带动辐射作用。

（一）国网义乌市供电公司人才培养优秀案例——金乌护航计划，唤醒沉睡的人力资源

1. 背景介绍

为规范和加强公司退现职五级领导人员的管理，充分发挥其作用，维护企业合法利益和正常工作秩序，充分发挥其传帮带作用，助力监督效能稳步提升，国网义乌市供电公司实施"金乌护航"计划已3年有余，充分唤醒了沉睡的人力资源。

2. 主要做法

结合实际工作设置岗位。人力资源部征集各部门、单位意见建议，梳理出管理岗位人员工作清单，结合公司实际，设置了财务审计、工程管理、安全稽查、党建管理、品牌宣传、综合能源、教育培训、新兴业务"八大"专业类别，充分发挥退现职人员的专业协同监督力量。全方位搭建返聘平台。制定"双向选择，分类设岗，归口负责，转岗任用，动态管理，统一考核"的基本原则。根据本人意愿或公司实际需求重新安排岗位负责重要工作任务的，需本人同所在工作部门或单位签订工作协议，协议一年一签。所在部门负责制。与退出管理岗位人员双向选择完成后，退出管理岗位人员认领工作任务，落实专业协同监督，日常考勤、考评、考核等由所在部门单位负责，并设定相应的岗级与绩效考核体系。

3. 主要成效

"金乌护航"计划实施以来，退出管理岗位人员挥洒汗水、贡献才智、辛勤耕耘，他们深度参与的"能源'全聚得'""用户侧能源聚合无感响应控制器"获浙江能源数据创新应用大赛一等奖、国网浙江省电力有限公司首台首套等荣誉，在电力实业分公司建成投运五洲大道等充电站 57 座、充电枪 660 台和完成义南水厂等 31 个项目总装机容量 22.429MW 的建设任务。退出管理岗位人员大力传承"老浙西"电力精神，是义乌电力发展的建设者、实践者、推动者，他们将在国网义乌市供电公司打造新型电力系统县域示范区过程中奉献更多能量。

（二）国网东阳市供电公司人力资源部人才培养优秀案例——"育训结合、靶向施教"蓝海计划驱动人才培养

1. 背景介绍

2022 年以来，国网东阳市供电公司大力传承"老浙西"电力精神，发挥人才驱动导向作用，以满足新型电力系统建设对高素质人才的需求为出发点，坚持"育训结合、靶向施教"原则，链式聚合"育训要素、育训模式、育训管理"三项内容，构建"三全育训"人才培养模式并贯通于人才培养全过程。

2. 主要做法

育训要素全挖掘。围绕"新型电力系统建设、经营业绩指标管理、蓝领队伍素

质提升"三项任务，挖掘人才培养过程中的师资力量、学员群体、教培载体、课程需求等核心要素，构建"专业基础理论＋通用管理实训＋综合业务实践"三级递进式育训，突出"通用＋专业"双能力培养。育训模式全覆盖。聚焦"技术、技能、管理"三个队伍主体，面向不同岗位、需求以及年龄结构，打造多元培训课程。配套完善面向技术岗位的"岘峰学堂"、面向技能岗位的"一线学堂"和面向管理岗位的"岘峰讲堂"三个课堂建设，实现人才培养"牵引上下，协同左右，集中力量"直指靶心。育训管理全过程。定期分析评估员工年度技能水平、竞赛比武、科技创新能力水平提升情况，加大技能、职称申报正向引导，跟踪管理重点竞赛、比武、调考项目实施进度和参赛队员备考、心理和生活情况，加强慰问关怀。

3. 主要成效

瞄准靶心人才、提升育训质效。开展五级领导人员"岘峰讲堂"2 期、"蓝海计划"二十四节气培训 7 期，参培人数 220 余人次。组建由 30 余名员工组成的"内训师"团队，增强人才队伍综合素质。创新驱动发展、助推共建共享。九域劳模创新工作室荣获"金华市高技能人才(劳模)创新工作室"。积极践行金华公司创新驱动发展理念，强化劳模创新工作室联盟共建共享，互促提升。坚持以赛促学、淬炼核心技能。促成由东阳市人力资源与社会保障局和东阳市总工会联合举办的 2022 年度东阳市电工职业技能竞赛，公司共计 50 余人参加培训。在浙江省电力有限公司 2022 年配网不停电作业竞赛中，一名员工荣获低压项目个人第三名，另外荣获中压项目团体三等奖。

（三）国网兰溪市供电公司人才培养优秀案例——"青兰"领航计划，加速推进青年人才队伍建设

1. 背景介绍

未来属于青年，希望寄予青年，对青年人才挑大梁、当主角的呼声也持续高涨。然而，在新发展阶段，也面临着人员结构性缺员、青年发展通道受限、高尖精青年人才匮乏等问题。为进一步加速推进青年人才队伍建设，2020 年 1 月，国网兰溪市供电公司创建实施"青兰"领航计划，旨在服务青工成长成才，持续提升青年人

才价值创造力，助力公司高质量发展。

2. 主要做法

创新"双导师制"带徒模式，赋能复合人才培养。全面盘点专家人才，建立内部师资库；实施双向选择线上、线下匹配机制，按管理、业务导师专业类别，分别签订师徒协议，加快培养既懂业务又懂管理的复合型人才。打造三大互动平台，助力青年智慧共享。首创"青兰社区""青兰学院""青兰论坛"等县公司级人力资源互动学习"线上＋线下"平台，跨板块、跨专业组建"高弹性电网""双碳"、乡村振兴项目、新型电力系统建设研究柔性团队，构建一个更加智慧化、人性化的全新青工健康成长生态链。制定"可视化"导航图，加速青年成长成才。以青年职业发展全景导航计划为载体，以"职业生涯规划"为方法，以"双导师制"为抓手，帮助青工绘制"职业发展导航图"。搭建岗位能力评价体系，量化青年能力潜力。以岗位能力素质模型为基础，客观、量化评价青工创新力、管理力、高潜力、专家力、技术力"五个力"指数以及头部力量、腰部力量、腿部力量三个维度指标情况。

3. 主要成效

"青兰"领航计划实施以来，在打造一支结构合理、数量充足、能力突出、作风过硬的适应公司战略目标的优秀青年人才队伍，推动公司高质量发展方面起到了显著成效，涌现出"创历史"的高尖精青年人才。其中，国网公司级先进个人1人；浙江省青年工匠2人；1人荣获"十佳客户经理"；技能竞赛成绩创近五年最好成绩，6人在浙江省、省公司技能竞赛中取得佳绩。

（四）国网武义县供电公司人才培养优秀案例——协同培养育人项目

1. 背景介绍

为提升公司人才培养质量，加速高新技术和科研成果转化，建立"企校双师联合、人才双向培养"合作机制，依托校企优势资源共享，搭建校企合作平台，通过创设协同培养育人基地，实行"学历教育＋职业能力提升＋创新能力提升"培养计划，培育理论基础扎实、解决实际问题能力突出的应用型人才，提升公司创新创效发展水平和能效等级，为企业发展注入新的活力。

2. 主要做法

以"产教融合"为指导，实行"三融合、五协同"培养模式。"三融合"旨在协调双方目标差异和认识差异，以统一价值取向、规范合作行为、保障合作成效。"目标融合"，要把双方合作思想认识统一到落实"人才培养"根本任务上来，解决校企合作育人目标指向问题；"资源融合"，要双方把优质资源投放到保障人才成长需要中来，解决校企合作育人资源共享问题；"发展融合"，要双方把发展战略聚焦到高素质人才培养和使用上来，解决校企合作育人良性发展和长效机制问题。"五协同"是解决校企合作基本路径的具体方法。"协同制订方案"，双方共同谋划和设计人才培养方案、专业课程设置方案，解决人才培养目标定位、培训体系优化等顶层设计问题，贯通培养目标与工作需求的通道，积极为企业"定制"专业人才。"协同建设基地"，双方合作成立工作小组，依托公司实训基地，建立"厂中校"，形成"车间即教室、师傅即教师，学生即工人"的格局，将教学融入生产，以生产促进教学，提高人才的培养质量。"协同设计课程"，双方通过分析企业的典型工作任务，共同设计课程项目，共同组织人才培养质量评价，为培养适应新型电力系统建设的专业人才提供专业支撑。"协同开发项目"，充分利用学校教师、研究生团队的专业知识和智力资源，建立双向交流学习机制，共同开展创新项目研发，带动公司专家队伍成长，打造一批原创首创成果。"协同培养人才"，注重专业知识和实践能力相结合，通过实行"一徒多师""分段授课""委托培训"等方式，全面提升实习学员的技术技能和在职员工的科学素养，为培育优秀金电工匠奠定坚实基础。

3. 主要成效

国网武义县供电公司人力资源部积极选拔人才，组建柔性团队参与合作项目，已先后与西安交通大学、三峡大学签订协同培养育人基地，并与中国科学院大气物理研究所签订战略合作协议，成立碳电实验室。目前，国网武义县供电公司与三峡大学合作制定的《34.5kV 及以下电流互感器带电校准导则》国际标准已在 IEEE 成功立项；一项射频信号"指纹"认证技术——"一种基于瞬时包络等势星球图的通信辐射源个体识别方法"正式通过美国专利与商标局授权，成为国网金华供电公司首个获得授权的国际发明专利;与武汉大学合作的"5G+北斗的配网保护与运维技术研究与应用"和"新型低压配网拓扑监测与分析关键技术研究"等 2 个科技项目的相关研究成果获 IEEE 第五届能源互联网与能源系统集成国际会议优秀论文奖;与上海电力科学研究院在数据挖掘和青创新大赛相关领域深度合作,先后获得浙江省青工创新创效大赛铜奖、浙江省数据挖掘大赛银、铜奖等省级奖项。

(五)国网浦江供电公司人才培养优秀案例——"浦泉"工程,青年人才培育全周期计划

1.背景介绍

浦江公司"浦泉"工程创始于 2020 年,为了避免青工在入职期无人引导而陷入迷茫,在成长期埋头苦干却少有所得,在成才期空有本领但不被所知,"浦泉"工程应运而生。"浦泉"工程以入职公司五年内青工为主要培养对象,通过深化"师带徒"工作走好青工第一步,以"卓越成长"培训和"实战练兵"为载体加快复合式青年人才成长速度,从机制体制着手提供各类人才展现的平台和机会,实现了"人人皆人才,人人皆成才,人人尽其才"的良好效果。

2.主要做法

细化量化师带徒,夯实基础育新才。抓实青工入职期培育,从多方面深化"师带徒"工作,组织特色拜师活动,全面细化量化师徒结对全过程管理,建立徒弟业绩积分制度,明确各类业绩事项分值,徒弟积分结合师徒期满的出师考试,对能否出师开展量化评定,评定结果纳入师徒人事档案,并多维应用于薪酬激励、试用转正等方面,真正发挥"师带徒"的传帮带作用。丰富优化技能树,急难险重炼青才。精心规划青工成长期培育计划,从能力培养和实战练兵两方面开展具体活动。针对青工可塑性强、思维活跃等特点推出"卓越成长"培训计划,涵盖逻辑思维、前沿技术、生涯规划等课程,结业考试以小组为单位就自创项目成果进行展示和答辩,全方位提升青工综合能力。结合岗位和实战开展大练兵活动,打好青工技能基础,在急难险重任务时选派青年突击队参加,在实战中彰显担当作为,淬炼过硬本领。百花齐放大平台,多元融合举人才。充分重视人才体制机制建设,系统性保障培育工程落地生效,为各类人才提供展示发挥的平台。建立青工"浦泉"档案,收集各

阶段考评成绩，形成综合性评价结果，灵活应用于青年骨干选拔、青工职业生涯规划等方面。构建公司虚拟云平台，打破部门班组限制，允许任何青工参与任何部门的科技创新、管理创新、QC等项目。主管部门和青工所在部门共享获奖项目红利，青工实现了业绩的积累，达到了多元人力资源融合于公司重点项目的效果，青工、部门、公司实现共赢。

3. 主要成效

"浦泉"工程开展以来，公司青工的涓涓细流不断汇入浦江公司，助推公司不断奔涌向前。目前公司内有省、市、县青年岗位能手各1名，市技术标兵1名、县技术标兵2名、县技术能手5名，县高技能领军人才3名，省青年工匠3名，市杰出工匠1名、金匠2名，省公司劳模1位，省公司劳模工作室1个，一名青工成功考取注册电气工程师资格，公司课题入选省公司卓越案例2次。

（六）国网磐安县供电公司人力资源部人才培养优秀案例——"硬磐"计划"336"青工培养

1. 背景介绍

为加快青年人才培养，国网磐安县供电公司探索构建青工"336"培养模式，通过"党建+"引领系统化培养，打造一支具备"三品三质六过硬"的青工队伍。

2. 主要做法

两个机制把稳成长"导航仪"。完善领导机制，统一协调管理。公司出台"硬磐"计划青工培养管理办法，成立培养工作领导小组。严格责任落实，强化主体责任。明确各部门责任分工，共同推进青工培养全面落地。三阶段培养打通成长"山环路"。通过入职第一年、第二年、第三年及以上三阶段理清教育主线，多渠道开展定向专项培养，多层次培育打造行家里手，通过压担子、出点子、指路子，让青工立足岗位成才。采用培养环路，培养三年以上未进入更高层次的则可回到培养计划继续参加培养，形成培养回路。六维度铸牢成长"硬磐魂"。"硬磐"计划围绕政治品格硬、道德品行硬、能力品质硬、身体素质硬、心理素质硬、职业素质硬六个维度开展青工培养，通过创新载体和模式、搭建技能展示平台，提升青工能力品质、职业素质、身体素质。三载体夯实成长"奠基石"。建立青年成长成才档案手册，主要用于记录青年成长成才轨迹，作为青年人才跟踪、发现、培养管理和考评的依据。设置青工成长积分，科学客观地评价青工成长状况，综合利用评价结果。制定多导师制度，以"成长导师""社会导师"指导和"技能导师"师带徒活动的形式开展，丰富青工培养的形式和内容，闭环促进导师带徒质效提升。多渠道应用深化成长"软平台"。以培养结果作为人才选拔、岗位竞聘、岗位序列晋升、评先评优等方面作为公司重要的参考依据，促进优秀青年人才进一步提高综合素质和能力。

3. 主要成效

坚定理想信念，传承企业精神。近两年入党人数中"硬磐"青年员工比例达到75%，公司优秀年轻骨干库中"硬磐"青年员工比例达81%。突出岗位建功，工作脚踏实地。依托"青年突击队"载体，"硬磐"青工围绕疫情防控、安全生产、电网建设等开展工作。疫情期间，15名"硬磐"青年员工在运行岗位24h待命，18名"硬磐"青年员工坚守抗疫保电一线；开展公益活动21次；"硬磐"青年员工对县医疗机构、中药生产等30余家重点企业开展定期保电特巡。涌现先进典型，追梦积极奋斗。六维度量化测评结果显示，青工全面发展各维度平均提升幅度达到10%以上。5名"硬磐"青年员工作为主要人员参加省公司级及以上各类竞赛荣获团体奖4项，个人奖4项，成绩创公司历史新高。

(七) 国网金华供电公司金东供电分公司人才培养优秀案例——"双尖"人才培育工程

1. 背景介绍

为培养和造就一支政治坚定、素质优良、理论扎实、技艺精湛的优秀人才队伍，金东供电分公司决定2022年起重点建设"双尖"人才培育工程（简称"双尖"工程，即原2018年起实施的青蓝工程）。"双尖"工程以广覆盖、宽激励为原则，将入职1~5年的青工（全口径）进行统一培养，依据青工成长指数判断其成长状况，培养一批忠诚干净、高效协作、敢于争先的金东青年。

2. 主要做法

依托"双尖"学院建设学习园地和实践阵地，开展各类学习课程。以"全业务融合、全人员覆盖、全能力提升"为目标，设计传统进阶式课程和创新共享式课程，力图营造互学互鉴、轻松活泼的学习体系和学习氛围。打造技能训练阵地。在双尖技能训练营中，建立"师徒"捆绑鼓励机制，制定《金东供电分公司创新工作与新兴产业发展奖励办法》。建设技能交流实战平台，线下同步广泛开展业务技能实战训练，结合供电所和施工项目部的工作任务，联动开展技能人才实践应用能力训练。完善竞赛分类项目矩阵，按专业分设竞赛项目团队，每个团队包含一位担任队长的分管领导、一位担任教练的技能人才和数位参赛备选人员，有计划、有重点地培养一批精益求精的青年技术能手。建设创新实践阵地。在"双尖"创新孵化室中，聚焦中心工作、聚合资源力量、聚集青年人才，以"平台＋项目"的方式打通专业壁垒，以"1+N"的运作方式优培重点攻坚项目，以"层级＋梯队"的方式更新核心成员梯队，实现对创新人才的中长期激励，从而鼓励青工主动探索生产技术优化、积极投身于创新创效实践。升级建设劳模创新工作室创建"双尖"品牌，以"双尖"创新孵化室为重要支撑平台，以职工为中心、以新业务要求和新技术方向为指引，以项目制运作方式开展创新创效工作。

3. 主要成效

2018 年至今，培育形成各类创新项目 45 项并获各级奖励，其中 5 项创新成果获省公司级及以上奖励、15 项专利成果，先后培育出 2 位青年荣获"浙江省青年岗位能手"、1 位青年入选"浙江青年工匠"、1 位青年获"浙江省电力技术能手"、1 位青年获"浙江省十佳客户经理"、1 位青年获"最美金电人"。

（八）国网婺城供电分公司人才培养优秀案例——薪酬系数"零合"，唤醒沉睡人力资源

1. 背景介绍

婺城分公司于 2022 年 2 月实施"薪酬系数'零合'，唤醒沉睡人力资源"基层员工薪酬改革，综合考虑各班所、岗位的工作内容与关联要素，做到考核与责任相一致、奖惩与工作内容相结合。系数零合不考虑编制差别，全民、省代、营配可互通系数零合。

2. 主要做法

业务技能"人人过关"。组织开展基层员工业务技能"人人过关"考评工作，

采取笔试与实操相结合，统一出题考试，并对最终考评成绩采取相应的奖惩措施，考评成绩不合格者奖金按 60% 发放，成绩优秀者奖金按 110% 发放。管理科室及直属班组员工可选择参加供电所（中心）员工类考评，考评规则及结果应用与供电所（中心）员工一致。薪酬分配系数"零合"。依照管理科室下发的系数区间进行定系数后，产生的系数差值由本供电所（中心）内部承担并实现零合。系数零合不考虑编制差别，全民、省代、营配可互通系数零合。考核评定"二次机制"。依据《基层员工岗位系数的二次考核指导意见》，结合关键业绩指标、各岗位工作量及工作难易程度，参照管理科室下发岗位系数区间，对基层员工进行定岗定系数。考评合格人员总成绩将按比例分为优秀及良好两挡，结果将作为公司评优评先、选人用人的重要依据。区间比例"总额控制"。针对一人多岗的情况实施岗位系数叠加，叠加后总系数最高不得超过 1.2，大于等于 1.1 系数的人员不得少于供电所（中心）基础员工人数的 10%；系数零合后系数小于等于 0.8 的人员不得少于供电所（中心）基础员工人数的 5%。各供电所（中心）基层员工的定岗及定系数由所在单位负责人确认后提交至综合室，审核通过后内部公示，公示无异议后执行。

3. 主要成效

建立和健全内部激励和约束机制，推进婺城供电分公司制度化、规范化和集约化管理，充分调动积极性，增强责任心，强化执行力，提升创造力，推动公司健康和谐发展。目前，分公司已经成立"未来'数智化'供电所""新型配电系统"两个专题攻关团队，围绕重点研究方向，策划数字化项目与科技创新项目，定期组织开展研究开发推进会，挖掘储备前沿技术应用场景，落实项目日常管理。对于从事创新工作和新兴产业发展探索的员工予以专项奖励，从而鼓励全体员工主动探索生产技术优化、积极投身于创新创效实践，不断推动分公司聚力创新、凝心创效的氛围和能力。

（九）国网金华供电公司变电检修中心人才培养优秀案例——青蓝翱翔，打造检修全专业精英队伍

1. 背景介绍

变电检修中心青年人才队伍存在年龄轻、流动性大等问题，为加快建成一支高

素质的青工队伍，中心以"集中培训、系统培养、综合考评、全面发展"四大方针为基准，坚持"培训与业务相结合""培训与考核相结合""培训与发展相结合"原则，按照工作年限，把青工分为入职年限较短的"育雏"青工，技术员、安全员级的"丰羽"青工，副班长级的"振翅"青工，分阶段开展"青蓝翱翔"人才培养。

2. 主要做法

开展"五个一"，推动青工逐步成才。精心规划青工培养，要求青工勤做笔记，接受现场提问，通过"一周一问"巩固青工日常所学，积少成多。安排青工在班组安全会上"每月一讲"，激励青工扩充专业知识与管理知识，夯实专业业务基础。组织"每季一考"，以考促学、以考敦行，激发青工学习积极性与主动性，在考试过程中帮助青工找准知识薄弱点，及时查漏补缺。通过"半年一总结"，促进提升更新自己，保障青工能够在实际工作中将所学所得活学活用。在班组内部、班组与专业室之间开展轮岗，推进全专业人才队伍建设，做好中心岗位人才储备，拓宽青工岗位工作思路，促进个人专业与管理"一年一提升"。实施"六大举措"，助力青工展翅翱翔。入职即开展集中培训，采取理论教学、现场观摩、基地实训等灵活多样的立体化"系统培养"，筑牢青工理论基础、提高青工动手能力。师徒结对双向选择，充分考虑师徒双方技能和性格特点，有效提升传帮带效果。开展专业双评考试，帮助青工快速成长，细化成长目标，尽快达到工作负责人、专业负责人要求。开设"四课"培训，采用"理论课、实训课、竞赛课、创新课"四课结合方式提升青工专业培养速度。开展共建共学活动，积极搭建共建平台，构建培养资源互联互通长效机制，为青工成长成才"明方向、创机会"。自主开展跨专业跨班组培训，探索实行专业融合，培养"一专多能"复合型人才。

3. 主要成效

自开展"青蓝翱翔"计划以来，检修中心人才梯队建设进一步完善。近年来，获国网公司技能竞赛团体三等奖 1 项、个人三等奖 1 项；浙江省或省公司技能竞赛团体二等奖 3 项、团体三等奖 4 项、个人奖 11 项；金华市技能竞赛团体第一名 1 项、个人奖 5 项；仅 2021 年，向公司本部、兄弟单位输送 9 位优秀同志，为公司发展提供了智力支持。科技创新方面，累计获授权发明专利 15 项、实用新型专利 26 项，编写并出版发行《智能变电站"九统一"继电保护装置及其检修技术》等 16 本实用化培训教材。

（十）国网金华供电公司变电运维中心人才培养优秀案例——育雏计划，打造一流变电设备主人队伍

1. 背景介绍

变电运维中心聚焦新型电力系统建设目标，以"国家电网有部署，浙江公司有要求，金华公司见行动"为纲领，围绕"降低重心、贴近设备、强化基础、精益管理"的现代设备管理体系工作思路，试点推进"育雏计划"，努力打造与"管、监、运、检"一体化业务融合高度契合的人才培养模式，发扬"老浙西"电力精神，着力建设一流的"设备主人＋全科医生"人才队伍。

2. 主要做法

实行以建促练，唤醒"沉睡资源"。金华供电公司将原220kV华金变电站退役场地及设施改建成变电设备主人实训基地。整个实训基地分为户外、一次、二次实训场地，设置变电站仿真、变电一次、继电保护、SF_6气体检测、油色谱分析等5个实训室。实行训战结合，营造"晒拼争先"。按照"由易到难、稳步提升、专业融合"原则，全面提升设备主人技术技能水平，营造"晒拼争先"良好氛围。中心开展每月一主题培训，有效提升设备主人技术技能水平。常态化开展运检业务"人人过关"、运检劳动竞赛等活动，促使员工持续保持竞技状态，有效促进设备主人专业技能提升。实行积分管理，开启"私人定制"。根据难易程度，将继电保护、自动化等8类培训项目划分为入门、初级、中级、高级4个组别，积分值随难易程度逐项增加，依据受训人员"理论＋实操"表现进行评分，设备主人积分累计达到培训总积分60%的为合格；累计达到培训总积分的70%，方可参加第二专业技能等级鉴定，个人积分排名进行月度通报。实行专家领衔，弘扬"薪火相传"。充分发扬"人才摇篮"优势，依托"浙江工匠"梁勋萍领衔的劳模创新工作室，搭建高技能人才培养平台，总结培训竞赛经验，以"老带新"模式形成人才梯队，不断传承优秀技艺技能。

3. 主要成效

电网运检质效显著提升。通过跨专业培训，打造复合型技能人才，实现应急响

应快速及时，班组人员灵活调配。以单间隔停电消缺为例，新模式下常规变电站故障异常处置平均时间减少至 105min，时间效率提升 30%，智慧变电站故障异常处置平均时间减少至 90min，时间效率提升 40%。队伍建设力度稳步提升。根据设备主人培训计划，开展"每月一主题"培训工作，累计培训授课时长 375h，培训人次 680 余人次。目前，中心已培育上岗"运维＋检修""运维＋监控"双专业技能人才 27 名（运检 15 名，运监 12 名），占比 55.1%。任用班组长 4 名，七级职员 1 名，管理骨干 5 名。创新创效作用持续提升。先后摘得国网公司青创赛银奖 1 项，浙江省优秀成果一、二等奖各 2 项；1 项管理创新成果荣获浙江省电力行业、省公司创新成果一等奖；试点应用的监控机器人"悟空"入选国网公司调度运行典型经验最佳实践、入选国网公司 13 项设备管理人工智能应用建设。

第四章

人才评价工作流程

一、专家人才工作流程

（一）专家人才选拔流程

专家人才选拔包括工作筹备、组织发动、推荐报名、资格审查与业绩评价、统一考试（视实际情况开展）、公布聘任等环节，专家人才选拔流程及工作内容见表4-1和图4-1。

表4-1　　　　　　　　　　专家人才选拔流程及工作内容

阶段	阶段工作	单位部门	工　作　内　容
工作筹备	人力资源部制订实施方案，各专业部门成立专业委员会	人才工作领导小组办公室	各级人力资源部制订实施方案，经人才工作领导小组批准，确定评选规模和参选条件等。专业部门根据选拔专业分组组建各专业委员会，主任由公司领导担任，专业委员会确定评选方式，编制专业评价标准
组织发动	人力资源部发布正式通知	人才工作领导小组办公室	人力资源部汇总各专业评价标准，发布正式通知，统一组织报名
推荐报名	各单位选拔候选人上报各级所在人才工作领导小组办公室	各级单位	拟申报人员登入报名平台报名，向所在单位提出申请，各单位人力资源部门根据各级专家人才选拔条件、选拔标准和专业名额，审核基本信息、专业工作经历等，经各单位决策程序通过后，选拔产生本单位推荐人选，由各单位人力资源部门统一上报公司人力资源部
资格审查与业绩评价	组织评审专家开展资格审查与业绩评价	人才工作领导小组办公室	各专业委员会对各级单位候选人进行资格审查，并按照统一标准进行业绩评价，评价方式包括专家评价、面试答辩、实操考核等，以不超过专业分配名额的150%确定专业候选人。专业委员会在候选人中以无记名投票表决的方式，提出专家人才人选名单

续表

阶段	阶段工作	单位部门	工 作 内 容
统一考试 （视实际情 况开展）	组织统一考试	人才工作领 导小组办公室	按照统一命题、统一阅卷、统一时间、统一流程， 开展统一的笔试或网络考试
公布聘任	审定公示，授予人 才称号	人才工作领 导小组办公室	经人才工作领导小组审定并公示后公布，授予 各级专家人才称号，颁发荣誉证书

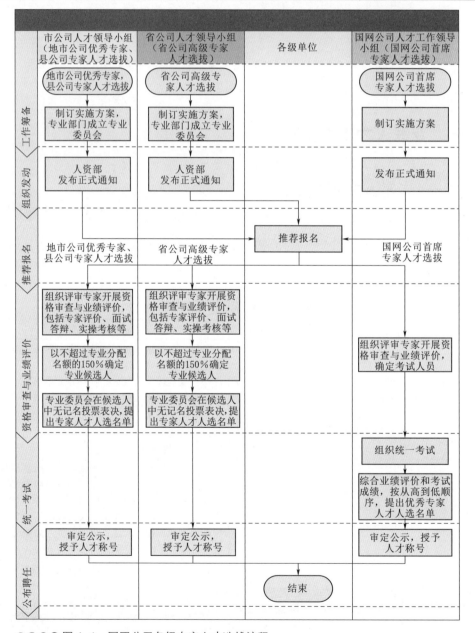

●○●○ 图 4-1　国网公司各级专家人才选拔流程

（二）专家人才考核流程

国网公司人才考核流程主要分为考核名单确认、个人业绩填报、业绩初审、业绩复审及公示、统一审定及发布结果六项环节。专家人才考核流程如图 4-2 所示。

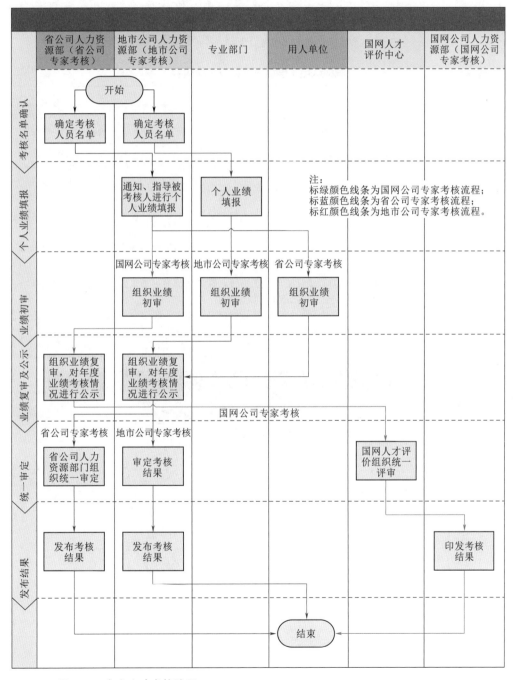

二、职称评定工作流程

（一）职称认定（确认）流程

职称认定（确认）共分为四个环节：员工申报、考核鉴定、审批认定（确认）和证书核发。职称认定（确认）流程及工作内容见表 4-2 和图 4-3。

表 4-2　　　　　　　　　　　职称认定（确认）流程及工作内容

阶段工作	工 作 内 容
员工申报	符合认定（确认）条件的人员填写职称认定（确认）表（一式三份），并提交本人学历（学位）证复印件、工作总结，申报确认人员还需提供经全国考试取得的职称证书复印件及审查表等有关材料
考核鉴定	考核工作由本人人事档案和人事关系所在单位负责，申报人员所在部门负责人签署考核鉴定意见，单位技术负责人、人事负责人签署考核认定（确认）意见及审批机关意见
审批认定（确认）	经考核合格后： （1）员级及助理级职称，由本人人事档案和人事关系所在单位的人事部门审核认定或确认，并归档。 （2）中级职称，由本人人事档案和人事关系所在单位报本地省（直辖市、自治区）电力公司人才评价中心审批，并归档
证书核发	（1）直接认定为员级及助理级职称者，其资格证书由本人人事档案和人事关系所在单位人事部门自行核发，并盖本单位公章。 （2）直接认定为中级职称者，其资格证书由本人人事档案和人事关系所在单位的省（直辖市、自治区）电力公司人才评价中心核发，并盖公章。 （3）审批确认资格的人员不再核发国网公司职称证书

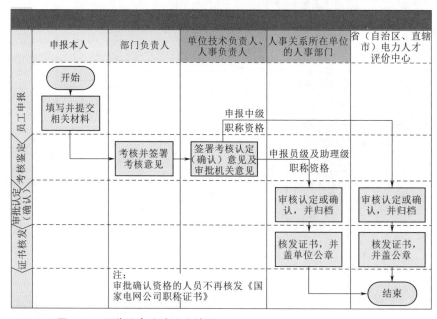

●○●○图 4-3　职称认定（确认）流程

（二）职称评审流程

职称评审工作共分为五个阶段：申报阶段、评审阶段、考试阶段（仅中级）、答辩阶段（仅正高级）、公开审查阶段和正式发文阶段。职称评审流程及工作内容见表4-3和图4-4。

表4-3　　　　　　　　　　　　　　职称评审流程及工作内容

阶段工作	工　作　内　容
申报阶段	网上申报：网上注册、信息填报、数据提交、准备初审材料及送审、所在单位初审并公示、申报单位审核、主管单位审核汇总、在线查询复审结果、完成"职称申报"工作。其中，"正高级、副高级（技工院校教师）、中级（技工院校教师、新闻）"职称申报者提交评定表
评审阶段	评委专家所在单位通知"评委专家库"专家参加职称评审工作
考试阶段（仅中级）	国网人才中心负责组织业绩积分达标报名者的专业与能力考试
答辩阶段（仅正高级）	国网人才中心负责组织业绩积分达标报名者答辩
公开审查阶段	国网人才中心负责评定总分合格人员网站公示，举报意见收集确认及处理工作。各单位配合做好公示结果监督工作
正式发文阶段	国网人才中心负责下发职称认定文件及职称证书认证手续，各单位做好职称评定表归档工作

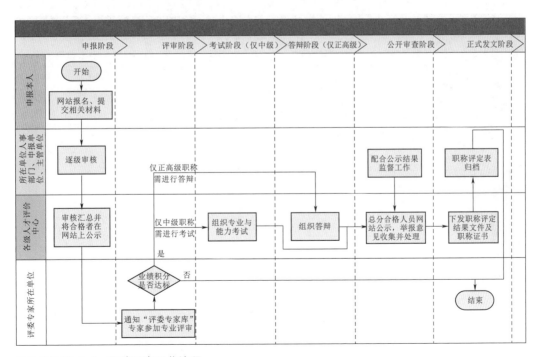

●○●○　图4-4　职称评审工作流程

59

三、技能评价工作流程

（一）技能等级认证申报具体流程

技能等级认证申报流程分为四个环节：下发通知、个人填报、材料审查、报送材料。技能等级认证申报流程及工作内容见表4-4和图4-5。

表4-4　　　　　　　　　技能等级认证申报流程及工作内容

阶段	阶段工作	单位部门	工作内容
下发通知	通知、指导各单位组织人员申报	地市公司级人力资源部门	人力资源部门根据省公司下发的通知，指导各单位开展人员申报
个人填报	个人填报申请材料；所在单位初审	申报人所在单位	申报个人完成申报系统填报后，向所在单位提交书面申请材料。所在单位对申报人员资格及材料进行初审
材料审查	组织申报材料复审	地市公司级人力资源部门	人力资源部门组织对申报人员资格及业绩复审
报送材料	经公司同意推荐人员的材料报送给上级单位	地市公司人力资源部门	高级工及以下由所在单位同意申报；技师/高级技师经公司人才评审委员会进行推荐。各地市公司级人力资源部门将经公司同意推荐人员的材料按要求签字盖章完毕后，报送上级主管单位

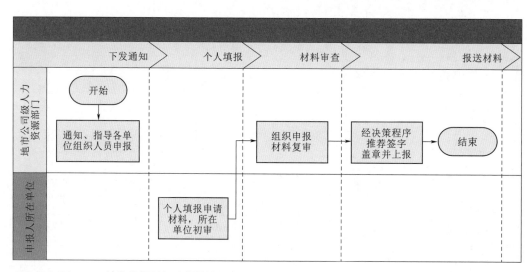

●○●○ 图4-5　技能等级认证申报流程

（二）技能等级认证总体工作流程

认证总体工作流程分为六个阶段：员工申报、资格审查、计划发布、评价实施、结果公示、证书发放。技能等级认证总体流程及工作内容见表4-5和图4-6。

表 4-5	技能等级认证总体流程及工作内容
阶段工作	工 作 内 容
员工申报	国网公司指导中心、评价中心每年12月开始组织下一年度评价并发布通知。申报人员根据通知要求进行网上报名
资格审查	申报人员所在单位人力资源部门对其资格条件以及业绩材料真实性进行审查。指导中心、评价中心组织对申报人员进行资格复审
计划发布	指导中心、评价中心每年定期组织制订、发布本年度技能等级评价实施计划，并于评价实施前10个工作日发布评价通知
评价实施	根据各批次评价安排，制订评价实施方案，并组织实施
结果公示	评价结束后，指导中心、评价中心将合格人员名单公示5个工作日后行文公布
证书发放	对评价合格人员颁发相应等级资格电子证书。证书由公司统一监制，员工自行打印

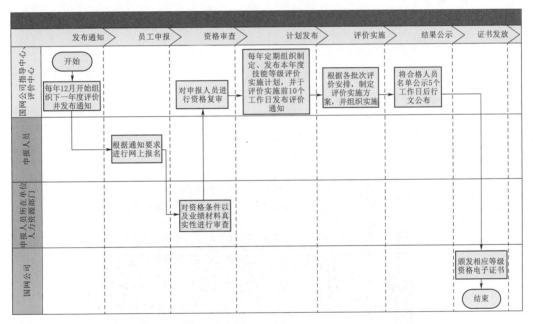

●○●○ 图 4-6　技能等级认证总体工作流程

四、人才评价常见应用系统

（一）人力资源 SAP 系统

主要用于长期在岗职工职称、技能等级、人才聘任信息录入；根据人力资源 SAP 系统（图 4-7）中录入的人员基本信息形成人力资源管控系统中的人才当量密度等基础数据。

●○●○ 图 4-7　人力资源、SAP 系统

（二）人力资源管理信息系统

基于 ERP—HR 系统权威数据源，通过系统同步，可在人力资源、管理信息系统（图 4-8）维护部门及员工的相关信息。主要用于各级各类专家人才信息的录入，可导出人才相应报表。

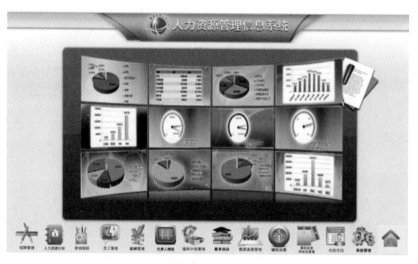

●○●○ 图 4-8　人力资源、管理信息系统

（三）人才培养全过程管理平台

依托"大云物移"体系，搭建人才培养全过程管理平台（图 4-9），主要用于省公司级及以下专家人才的培育实施，包括专家申报、评选及考核。

●○●○ 图 4-9　人才培养全过程管理平台

（四）电力人力资源网

电力人才网（图 4-10）主要用于国网正（副）高级职称（长期在岗职工）、中级职称（委托评价人员）评定、国网专家选拔和考核、电力英语与计算机申报考试及发证管理。

●○●○ 图 4-10　电力人才网

（五）国网学堂

主要用于国网员 2 技能认证申报、成绩查询、证书下载及网络课程学习等，如图 4-11 所示。

●○●○ 图 4-11 国网学堂

（六）人力资源 2.0 系统

主要用于国网长期在岗职工的中级职称评审、业绩档案录入，实现对历年职称评审规则信息的统一管理，并对个人基本信息、绩效数据、履职信息等数据实现自动导入。同时，建立人才业绩数据库，支持个人业绩库的日常管理和业绩选录功能，如图 4-12 所示。

●○●○ 图 4-12 人力资源 2.0 系统

附录

附录一

职称申报继续教育学时折算表

序号	类别	具体项目	对应学时	备注
1	公司内部培训、研修活动	各级单位及继续教育基地举办的脱产、半脱产、远程教育等培训班、研修班	由各级单位或基地按实际培训学时数认定	
2	公司外部培训、研修活动	网络大学自主学习	按网络大学规定学时认定	
		国家部委、地方政府、行业举办及国（境）外举办的脱产、半脱产、远程教育等培训、研修活动	由各级单位根据主办单位的活动通知认定	
3	学历、学位教育或课程进修	考试考核合格者	15学时/课程	
4	省部、行业（公司）级及以上课题（项目）	主持和参与主题（项目）研究	负责人认定56学时，其他参与人员（不超过10人）认定32学时	
		主持和参与子课题（项目）研究	负责人认定48学时，其他参与人员（不超过8人）认定24学时	
5	地市级（省公司级）课题（项目）	主持和参与主题（项目）研究	负责人认定40学时，其他参与人员（不超过8人）认定24学时	
		主持和参与子课题（项目）研究	负责人认定32学时，其他参与人员（不超过6人）认定16学时	
6	出版著作、译作或发表论文（署名前3名）	出版专业相关著作（译作）每万字	12学时	
		SCI、EI收录的专业刊物每篇	48学时	
		中文核心、中国科技核心收录的专业刊物每篇	32学时	
		省级专业刊物每篇	24学时	

序号	类 别	具 体 项 目	对 应 学 时	备注
6	出版著作、译作或发表论文（署名前3名）	具有国际标准刊物（ISSN）和国内统一刊号（CN）的刊物	24学时	
7	专利	国家知识产权局授予的发明专利	40学时	变更专利发明人（或设计人）的专利，暂不认定
		国家知识产权局授予的实用新型专利或外观设计专利	32学时	
8	标准	国际标准	56学时	
		国家标准	48学时	
		行业标准	40学时	
		企业标准	32学时	
9	职称考试	计算机考试合格	32学时	
		职称外语考试合格	40学时	
10	技术资格考试	注册类资格考试合格	48学时	
		全国执业资格或职业水平考试合格	40学时	
		公司能力等级考试合格	32学时	
11	其他实践活动	东西帮扶、援外及到基层、贫困地区扶贫	90学时/年	
		为本专业继续教育活动提供教学	所授课时的2倍学时	

附录二

职称申报积分分值折算表

积分选项	中级		高级	
	积分内容	分值	积分内容	分值
专业理论水平积分	硕士（含学制满2年的国外硕士，下同）或取得学制满2年（1年或1.5年）的国外硕士后满3年且专业对口（含双学士且专业对口）	20分	博士且专业对口	30分
	本科且专业对口，硕士（含学制满2年的国外硕士）或取得学制不满2年（1年或1.5年）的国外硕士后满3年（但专业不对口或双学士（单一专业对口、双学士且专业均不对口两个专业均不对口））	15分	硕士且专业对口以及博士但专业不对口	20分
	大专且专业对口或本科但专业不对口	10分	双学士且专业对口	18分
			本科且专业对口（含双学士单一专业对口，下同）、硕士但专业不对口、双学士但两个专业均不对口	15分
			本科但专业不对口	5分
			大专及以下学历且高级会计师、高级经济师"考评结合"考试合格	15分
			大专且专业对口	5分
			中专及以下学历和大专但专业不对口	0分
中级职称取得年限积分			博士和双硕士且中级职称满2年或硕士（含学制满2年的国外硕士）和双学士且中级职称满4年或取得学制不满2年（1年或1.5年）的国外硕士满2年且中级职称满5年或本科及以下学历且中级职称满5年或取得高级技师资格满4年	50分
			对于年限破格申报人员：博士且中级职称满1年或硕士（含学制满2年或硕士（含学制满2年的国外硕士）（1年或1.5年）的国外硕士满2年且中级职称满4年或认定中级职称满4年或取得高级技师资格满3年	35分

积分选项	中级 积分内容	中级 分值	高级 积分内容	高级 分值
中级职称取得年限积分	对于年限破格申报人员：硕士（含学制满2年的国外硕士、学制不满2年的国外硕士满4年认定中级职称）及以下学历中级职称满4年或取得高级技师资格满2年		对于年限破格申报人员：硕士（含学制满2年的国外硕士、学制不满2年的国外硕士满4年认定中级职称）及以下学历中级职称满3年或取得高级技师资格满2年	20分
	对于年限破格申报人员：硕士（含学制满2年的国外硕士、学制不满2年的国外硕士满4年认定中级职称）及以下学历中级职称满4年或取得高级技师资格满2年		对于年限破格申报人员：硕士（含学制满2年的国外硕士、学制不满2年的国外硕士满4年认定中级职称）及以下学历中级职称满1年或取得高级技师资格满1年	5分
	对于年限破格申报人员：学制不满2年的国外硕士不满4年认定中级职称且中级职称满4年		对于年限破格申报人员：学制不满2年的国外硕士不满4年认定中级职称且中级职称满2年	0分
主要贡献和作品成果积分	"主要贡献"达标~"主要贡献"业绩突出	18~46分	"主要贡献"达标~"主要贡献"业绩突出	18~46分
	"作品成果"达标~"作品成果"业绩突出	6~12分	"作品成果"达标~"作品成果"业绩突出	6~12分
水平能力积分	计算机水平合格	8分	计算机水平合格	8分
	电力英语水平合格	4分	外语水平合格	4分
	计算机水平不合格	0分	计算机水平不合格	0分
	电力英语水平不合格	0分	电力英语水平不合格	0分
申报人员所在单位评价积分	申报人员所在单位评价积分	0~30分	申报人员所在单位评价积分	0~20分

附录三

申报业绩材料解析表（职称）

申报系列	分类专业	对应申报职称	业绩成果（六选一）		作品成果（五选一）		系统内获取	四类五级荣誉
			专业工作业绩	专业获奖情况	已出版的论文著作	未出版的技术报告（系统内部出版不算出版）		
工程系列	电力工程专业	中级	取得助理工程师职称后，完成一般技术难度的技术项目（包括制定技术标准、技术规范、新产品开发、新技术推广等），经验收认定取得一定的社会效益和经济效益		取得助理工程师职称后，独立或作为主要撰写人在省（部）级及以上组织的专业学术会议上，或在国家级批准出版过本专业有关的刊物上发表过2篇及以上本专业的论文	取得助理工程师职称后，撰写过本人直接参加工作的正式技术报告。要求主要数据准确、文字通顺、结论正确，具有一定的学术水平或实用性	除破格条件下的专家称号外的个人称号	四类是指综合类（劳动模范、先进工作者、青年五四奖章、优秀班组长等）、各类人才（两院院士、国务院政府特殊津贴专家等各级人才称号、各级技术能手、青年岗位能手、公司系统各级科技领军人才、专业领军人才、优秀专家人才等）、竞赛参赛个人奖和专业工（专业工作先进个人、专项工作先进个人、专项工作突出贡献个人、竞赛参赛个人奖）、其他等。五级是指国家级、省部级（含行业级）、国网公司级（含省地市公司、含公司级）、厂处级（含地市公司、省公司直属单位级）荣誉、县公司级。
			取得助理工程师职称后，提出科技建议，被有关部门采纳，对科技进步和专业技术发展有促进作用	取得助理工程师职称后，完成的项目获得1项省（部）级科技进步（成果）奖，或优秀设计、优质工程专项奖	取得助理工程师职称后，作为参加者，出版过1本学术、技术著作或译著	取得助理工程师职称后，作为执笔者，参加编写不少于10000字的教材或技术手册的编写工作		
			取得助理工程师职称后，在生产中、能保证安全经济运行、在设计、施工、设备检修或维修中、能保证工期和节约投资、经实践检验取得一定的技术经济效果			取得助理工程师职称后，参加修改有关规程、技术规范、规则、导则等的编写工作		
			取得助理工程师职称后，完成国家或省（部）级重大科技项目，或引进项目的消化、吸收，有一定的创新性					

申报系列	分类专业	对应申报职称	业绩成果		作品成果		系统内获取	四类五级荣誉
			专业工作业绩	专业获奖情况	已出版的论文著作	未出版的技术报告（系统内部出版不算公开出版）		
			六选一		五选一			
工程系列	电力工程专业	副高	取得工程师职称后，作为负责人或主要工作人员，完成国家或地方大型工程或一项中型工程可行性研究、设计、施工、调试，通过审查或验收	取得工程师职称后，作为工作人负责人，完成的项目，获得1项国家、省（部）级科学技术进步奖或2项及以上网（省）局级科技进步奖（成果）奖，或优秀设计或优质工程等专项奖（优秀设计或优质工程等专业奖等同科技三等奖）。 注：工程系列的管、QC、群创、调研论文、专利等不计分，选填业绩中较大为合适	取得工程师职称后，独立或作为第一撰写人，在省（部）级及以上组织的学术会议，或在省及以上科技期刊上发表过2篇及以上具有较高学术水平的技术论文	取得工程师职称后，独立撰写过一篇及以上本人直接参加的正式技术报告，要求立论正确，观点清晰、数据齐全、结构严谨，具有较高的学术水平或实用价值	除破格条件下的专业考评个人奖和专项个人称号外的个人称号	四类是指综合类（劳动奖章、先进工作者、青年五四奖章、优秀班组长等），各类人才称号（两院院士、国务院政府特殊津贴专家等各级各类人才称号，青年专业技术能手、各级技术能手、青年岗位能手，公司系统各级科技领军人才、专业领军人才、专业领军专家人才等）、专业类（专业工作先进个人、专项工作突出贡献个人、专项工作先进个人、优秀专业个人、其他）、竞赛考试个人奖、其他。 五级是指国家级、省部级（含行业级、国网公司级）、地市级（含省公司级）、厂级（含地市公司、省公司级）、直属单位级、县公司级
			取得工程师职称后，作为负责人或主要工作人员，完成国家或省（部）级重大科技项目或重大引进项目的消化、吸收，或有较高价值的创新性		取得工程师职称后，编写或出版公开发行的技术规范、规程、标准或教材、技术手册，其中本人撰写的部分不少于30000字	取得工程师职称后，主持网（省）单位（公司）级的修订制定的有关规程、技术规范、规章或编写导则、规则、规范等工作		
			取得工程师职称后，作为负责人或主要工作人员，完成2项及以上技术难度较大级别项目（包括制定技术标准、技术规范、新技术开发、新技术推广等），经验收认定取得较大的社会效益和经济效益		取得工程师职称后，作为主要作者，正式出版过1本学术、技术专著或译著			
			取得工程师职称后，作为负责人员级人员，提出省、被省（省）级有关部门采纳，对科技进步和专业发展有重大促进作用					
			取得工程师职称后，作为主要工作人员，在设计、施工、生产中，能保证质量、能实践检验得显著的技术经济效益					

续表

申报系列	分类专业	对应申报职称	业绩成果		作品成果		系统内获取	四类五级荣誉
			专业工作业绩（六选一）	专业获奖情况	已出版的论文著作（四选一）	未出版的技术报告（系统内部出版不算公开出版）		
工程系列	电力工程专业	正高	取得高级工程师职称后，作为主要负责人，完成国家级以上或省部级2项及以上大型工程的可行性研究、设计、施工或调试，通过审查或验收。 取得高级工程师职称后，作为主要完成人，完成国家级2项或省部级项目，有重大创新性，通过审查或验收； 取得高级工程师职称后，在科技攻关或工程实践中，解决关键领域某一技术难题或填补国内同行业及以上领域空白，并通过省部级的评审或鉴定； 取得高级工程师职称后，提出科技建议，1项被国家有关部门采纳，完成2项被省部级以上本行业（本系统）推行的技术管理系统工程。经实践检验取得显著成效，对科技进步或专业技术发展有重大促进作用	取得高级工程师职称后，获得国家科学技术进步奖1项；省部级科学技术进步奖一等奖1项或二等奖2项或三等奖3项；省公司级科技进步奖（主要完成人）一等奖3项或二等奖4项或三等奖4项；优秀工程设计、优质工程专业国家级1项或省部级3项或省公司级（主要完成人）4项	取得高级工程师职称后，独立或作为第一作者，在公开出版发行的专业论文3篇及以上，其中核心期刊或被SCI、EI收录的论文至少1篇。上述公开发表的论文，确有创新或经专家审核，工作具有重要指导意义 取得高级工程师职称后，作为主要作者，公开出版本专业有价值的学术著作1部，其中本人撰写部分不少于5万字 取得高级工程师职称后，作为主要作者，公开出版本专业有较高实用价值的教材或技术手册2本，其中本人撰写部分不少于5万字	取得工程师职称后，参与编写或修订省部级及以上电力工程方面的标准、导则、规程等2项（团标或企标等3项）及以上，实施或公开发行	除破格条件下的专家称号外的个人称号	四类是指综合类（劳动奖章、五一劳动奖章、先进工作者、青年五四奖章、优秀班组长等）、各类人才称号（两院院士、国务院政府特殊津贴专家等）、各级人才称号、青年岗位能手、公司系统各级科技领军人才、专业领军人才、优秀专家人才等。专业类（专业考试个人奖和竞赛类个人奖）、专项工作突出贡献个人、专项考评先进个人、专项工作先进个人、专业表彰个人、竞赛类个人奖、其他等。五级是指国家级、省部级（含行业级）、国网公司级、地市级（含省公司级）、厂处级（含地市公司、省公司直属单位级）、县公司级荣誉，县属单位级荣誉等。

申报系列	分类专业	对应申报职称	业绩成果		作品成果		系统内获取	四类五级荣誉
			专业工作业绩	专业获奖情况	已出版的论文著作	未出版的技术报告（系统内部出版不算公开出版）		
工程系列	电力工程专业	正高	取得高级工程师职称后，作为第一发明人，获得具有显著经济和社会效益的发明专利1项或实用新型专利4项，并扶省部级以上专利奖或取得成果转化效益证明） 五选一	取得高级工程师职称后，获得国家科学技术进步奖1项，省部级科学技术进步奖一等奖1项或二等奖2项或三等奖3项；省公司级科学技术进步奖一等奖3项或二等奖4项或三等奖4项、优秀设计、优秀工程专业奖国家级1项或省部级3项或省公司级4项（主要完成人）		取得工程师职称后，参与编写或编订省部级及以上电力工程方面的标准、导则、规范、规程等3项（团标或企标3项）及以上，并颁布实施或公开发行	除破格条件外的专家称号的个人称号	四类是指综合类（劳动模范、五一劳动奖章、先进工作者、优秀班组长等）、各类人才称号（两院院士、国务院政府特殊津贴专家等各级人才称号，各级技术能手、青年岗位能手、公司系统各级科技领军人才、专业领军人才、优秀专家人才等）、优秀专项表彰（专业工作突出贡献个人、专项工作先进个人、专项工作突出贡献个人）、竞赛考试个人奖（竞赛考试个人先进个人、竞赛考试个人奖）、其他等。五级是指国家级、省部级（含行业级）、国网公司级（各省公司级）、地市级（含地市公司、厂处级）、省公司直属单位级（省公司二级公司、县公司级荣誉，县公司级）
	工业工程专业	中级	取得助理工程师资格后，在独立承担或直接参加完成的项目工作中，经实施、开发投产，合理设计、配置，利用企业生产要素，提高质量、改善环境，保障安全、降低成本，公认取得一定的社会效益和经济效益 五选一	取得助理工程师资格后，在独立或直接参加承担的项目工作中，完成项目获得过一项以上国家或省（部）级科技进步奖，或扶省（厅、局）级以上科技专项成果奖等科技专项活动	取得助理工程师职称后，作为第一撰写人，在省级以上或在本专业学术会议以上交流，批准出版表1篇以上本专业以上科技期刊论文，论文与本专业有关的应反映其技术水平和写作能力	取得助理工程师职称后，直接参加撰写过2篇以上本人直接参加项目的技术报告。技术报告的主要是需求调研、设计、测试等项目的主要数据报告齐全、准确，结论正确，公认具有一定的价值 四选一		

续表

申报系列	分类专业	对应申报职称	业绩成果		作品成果		系统内获取	四类五级荣誉
			专业工作业绩	专业获奖情况	已出版的论文著作	未出版的技术报告（系统内部出版不算公开出版）		
工程系列	工业工程专业	中级	取得助理工程师资格后，在独立承担或直接参加完成的项目工作中，提出一项以上科技建议，经同行专家评议，认为对科技进步或行业发展有重要促进作用		取得助理工程师职称后，作为主要作者或译者出版1部学术、技术专著或译著		除破格条件外的专家称号下的专家称号的个人称号	四类是指综合类（劳动模范、五一劳动奖章、先进工作者、优秀青年五四奖章、各类人才称号（两院院士、国务院政府特殊津贴专家等各级人才称号、各级技术能手、青年岗位能手、公司系统各级科技领军人才、专业领军人才、优秀科技领军人才、优秀专家称号）、竞赛考试个人奖和专业专项表彰（专业工作先进个人、专项工作突出贡献个人、竞赛考试个人奖）、其他等。 五级是指国家级、省部级（含行业级）、国网公司级、地市级（含省公司级）、厂处级（含地市公司、省公司直属单位级）、县公司级
			取得助理工程师资格后，在独立承担或直接参加完成的项目工作中，完成2项以上实践检验，取得一定的社会效益和经济效益，并经同行专家评议，公认某些技术指标比较先进，有推广价值		取得助理工程师职称后，作为执笔者参加编写教材或技术手册的编写工作，完成2万字以上的编写工作量	取得助理工程师职称后，直接参加撰写过2篇以上本人直接参加项目的技术报告。技术报告要求数据设计、测试的主要数据齐全、准确，结论正确，公认具有一定的价值		
			取得助理工程师资格后，在独立承担或直接参加完成的项目工作中，完成一项以上国家或省（部）级重点项目，对行业发展有促进作用的重点项目，成果经省（部）级主管部门验收通过					

申报系列	分类专业	对应申报职称	业 绩 成 果		作 品 成 果		系统内获取	四类五级荣誉
			专业工作业绩	专业获奖情况	已出版的论文著作	未出版的技术报告（系统内部出版不算公开出版）		
			五选一		四选一			
工程系列	工业工程专业	副高	取得工程师职称后，作为负责人或主要工作人员，完成一项以上国家（部）级重点项目，或对行业发展有促进作用的重点项目，成果经省（部）级主管部门验收通过	取得工程师职称后，作为负责人，或主要工作人员，完成的项目获得过一项以上国家或省（部）级科技进步奖，或获得过2项以上网（省）公司级科技成果奖（优秀设计）专项奖励（优秀工程等专项奖励或质量工程三等奖以上）。注：工程系列的QC、群创、管理创新、调研论文、技术补贴、专利等不作为本专业中较为合适业绩	取得工程师职后，撰写人，作为第一作者在国家批准出版的科技期刊上发表过3篇以上本专业或与本专业有关的论文应反映其学术水平和写作水平	取得工程师职称后，独立撰写过2篇以上本人直接参加的重要项目的技术报告。要求立论正确，数据齐全、准确，观点清晰，结构严谨，具有较高的学术水平或实用价值	除破格条件外的专家称号外的个人的称号	四类是指综合类（劳动模范、五一劳动奖章、先进工作者、优秀人才称号），各院院士、国务院政府特殊津贴专家等各级人才称号，各级技术能手，青年岗位能手、公司系统各级科技领军人才、专业领军人才、优秀专家人才等），竞赛考试类（专业考试先进个人、专项竞赛考试优秀个人、专业先进个人、专项工作突出贡献个人、专项竞赛考试个人、专项工作先进个人、专项个人奖），其他等。五级是指国家级、省部级（含行业级、国网公司级），地市级（含省公司级），厂处级（含直属单位级）、省公司直属单位级、县公司级荣誉、奖项等。
			取得工程师职称后，作为负责人或主要工作人员，完成2项以上重要项目，经实施，对提高企业市场占有率；开发新产品，合理设计、配置，利用企业生产要素；提高质量，降低成本，保障安全；改善环境，提高劳动生产率等方面取得显著成效，并经省（部）级主管部门确认，取得较大的社会效益和经济效益		取得工程师职称后，作为主要作者出版一部学术、技术专著			

续表

申报系列	分类专业	对应申报职称	业绩成果（专业工作业绩）	业绩成果（专业获奖情况）	作品成果（已出版的论文著作）	作品成果（未出版的技术报告（系统内部出版不算公开出版））	系统内获取	四类五级荣誉
工程系列	工业工程专业	副高	六选一：取得工程师职称后，作为负责人或2项以上项目，完成主要工作人员，经实践检验，取得较大的社会效益和经济效益，并经省（部）级主管部门组织同行专家评议、公认技术指标先进，有较大的推广价值；取得高级工程师职称后，作为负责人或主要工作人员，提出2项以上科技建议，经同行专家评议、认为对科技进步或行业发展有重大促进作用，并被省（部）级有关部门采纳		取得工程师职称后，参加公开出版的教材或技术手册的编写工作，完成5万字以上的编写工作量	取得工程师职称后，独立撰写过2篇以上本人直接参加的重要项目的技术报告，要求立论正确，数据齐全、准确，观点清晰，结构严谨，具有较高的学术水平或实用价值	除破格条件下的专家称号外的个人称号	四类是指综合类、五一劳动奖章、先进工作者、优秀班组长等，各类人才岗位称号（两院院士、政府特殊津贴专家等各级各类专家人才），青年岗位能手、青年专业领军人才、公司系统各级专业领军人才、优秀专家人才（专业考试个人奖）、竞赛和专项工作先进个人表彰（专业工作先进个人、专项突出贡献个人奖）、竞赛考试个人奖）、其他等。五级是指国家级、省部级（含行业级、国网公司级）、地市级（含省公司级）、厂处级（含地市公司、省公司直属单位级）、县公司级荣誉。
		正高	取得高级工程师职称后，作为主要完成人，完成国家1项及以上大型工程的可行性研究、设计、施工或调试，通过审查或验收	取得高级工程师职称后，获得国家科学技术进步奖1项、省部级科学技术进步奖一等奖1项或二等奖2项或三等奖3项；省公司级科学技术进步奖一等奖2项或三等奖4项；省部级专业奖项三等奖1项或四项（主要完成人）一等奖3项或二等奖4项；在本专业领域的研究成果获得国家级或省部级管理创新奖、管理创新一等奖2项或三等奖3项（含相应专业奖项	四选一：取得高级工程师职称后，独立或作为第一作者，在公开出版发行的期刊上发表本专业论文3篇及以上，其中核心期刊或被SCI、EI、SSCI、ISTP收录的论文至少1篇，上述公开发表的论文，经专家审核，确有创新或对工程工作具有重要指导意义	取得高级工程师职称后，参与编写或修订2项及以上省部级以上面向的中长期发展规划、企业经营规划、重要管理标准、导则、制度、规范、规程等2项及以上，并颁布实施或公开发行		

申报系列	分类专业	对应申报职称	业绩成果		作品成果		系统内获取	四类五级荣誉
			专业工作业绩	专业获奖情况	已出版的论文著作	未出版的技术报告（系统内部出版版不算公开出版）		
工程系列	工业工程专业	正高	取得高级工程师职称后，作为主要完成人，完成国家级1项或省部级2项科技（管理）项目，通过审查或验收，有重大创新性	取得高级工程师职称后，获得国家科学技术进步奖1项；省部级科学技术进步奖一等奖1项或省二等奖2项或省三等奖3项；省公司级科学技术进步奖（主要完成人）的评审或部门组织的评审或鉴定	取得高级工程师职称后，作为主要作者，公开出版有较高学术价值实用的著作1部，其中本人撰写部分不少于5万字	取得高级工程师职称后，参与编写或修订1项以上工业工程方面的中长期发展战略、企业经营规划、导则、重要管理标准、制度、规范、规程等2项及以上，并颁布实施或公开发行	除破格条件下的专家称号外的个人称号	四类是指综合类（劳动模范、五一劳动奖章、先进工作者、优秀班组长等）、（两院院士、国务院政府特殊津贴专家等各级人才称号，各类人才能手、青年岗位能手、公司系统各级科技领军人才，专业领军人才，专业专家人才，优秀专业试个人奖，竞赛专项个人奖（专业和专项工作先进个人，突出贡献工作先进个人，竞赛专项个人奖），其他等。五级是指国家级、省部级（含行业）、省级（公司级）、国网公司级（含地市级）、地市级（含地市公司级）、厂处级（公司级）、省公司直属单位级）荣誉、县公司级。
			取得高级工程师职称后，在科技攻关工程实践中，解决关键领域某一技术或领域国内同行业某一技术领域空白或填补国内空白，并通过省部级以上有关部门组织的评审或鉴定	取得高级工程师职称后，获得科技进步奖一等奖3项或二等奖4项；在本专业领域获得国家级研究成果创新奖2项，或省部级管理创新奖2项或省部级完成创新奖（主要完成人）一等奖2项或二等奖3项（含相应专业奖项）	取得高级工程师职称后，作为主要作者，公开出版有较高实用价值的教材或技术手册2本，其中本人撰写部分不少于5万字			
			取得高级工程师职称后，提出科技建议，1项被国家有关部门或2项被省部门采纳；完成1项及以上在本行业（本系统）推行的技术管理系统工程，经实践检验取得显著成效，对科技进步或专业技术发展有重大促进作用					
			取得高级工程师职称后，作为第一发明人，获得具有显著经济和社会效益的实用新型发明专利1项或有较著省部级及以上专利奖4项，并获省部级及成果转化合同（转化效益证明）					

续表

申报系列	分类专业	对应申报职称	业绩成果（五选一）		作品成果（五选一）		系统内获取	四类五级荣誉
			专业工作业绩	专业获奖情况	已出版的论文著作	未出版的技术报告（系统内部出版不算公开出版）		
			取得助理政工师职称证书后，参与成制定并在处级及以上单位执行的制度、规定、办法	取得助理政工师职称证书后，完成有较高水平的论文、调研报告及作品（文字不少于2000字，音像不少于20min，图像不少于3幅），有一篇获得地（市）级及以上奖	取得助理政工师职称证书后，独立或作为主要撰写人在地（市）级以上组织的专业会上交流，或在国家批准出版的刊物上发表过本专业有关的1篇及以上论文，或在地（市）办的刊物上发表过1篇及以上本专业有关论文	取得助理政工师职称证书后，撰写过本人直接参与的调研报告，并具有一定的学术水平或实用性		四类是指综合类（劳动模范、先进工作者、青年五四奖章等），优秀专家人才（两院院士、国务院政府特殊津贴专家等各级各类人才称号、青年岗位能手、公司系统各级领军人才、专业领军人才，优秀专家考试人才等）、竞赛考试专业个人奖（专业个人奖和专项工作先进个人、突出贡献个人、竞赛考试个人奖）、其他等。五级是指国家级、省部级（含行业级）、国网公司级（含地市公司级）、地市级（含地市公司）、厂处级（含地市公司）、处级（含地市公司）、县级公司荣誉、县公司级
政工系列	电力政工专业	中级	取得助理政工师职称证书后，参与思想政治工作调研课题，或地（市）级思想政治工作指导意义		取得助理政工师职称证书后，作为执笔者，出版过1本论著，或译著	取得助理政工师职称证书后，参加制定或修改地市公司级及以上单位有关制度、规范、案例、实施细则等的编写工作	除破格条件下的专家称号外的个人称号	
			取得助理政工师职称证书后，地（市）级以上单项获得思想政治工作先进集体主要贡献者		取得助理政工师职称证书后，作为参加1本论著			
			取得助理政工师职称证书后，组织或直接参与处级以上单位、中型及以上企业思想政治工作，成绩突出，工作经验在地（市）级及以上单位组织交流、推广		取得助理政工师职称证书后，作为执笔者，参加过不少于1万字的编写工作	取得助理政工师职称证书后，撰写过本人直接参与的调研报告，并具有一定的学术水平或实用性		
					取得助理政工师职称证书后，作为执笔者，出版过一本论著，或译著			

申报系列	分类专业	对应申报职称	业绩成果		作品成果		系统内获取	四类五级荣誉
			专业工作业绩	专业获奖情况	已出版的论文著作	未出版的技术报告（系统内部出版版不算出版公开出版）		四类是指综合类（劳动奖章、先进工作者、青年五四奖章、优秀班组长等）、各类人才称号（两院院士、国务院政府特殊津贴专家等）、各级专家称号，各级技术能手、青年岗位能手、公司系统各级科技领军人才、专业领军人才、优秀专家人才等）、专项贡献类（竞赛考试个人奖和专业专项表彰个人、专业工作突出贡献个人、专项工作先进个人、其他等）。五级是指国家级、省部级（含行业级、国网公司级）、地市级（含省公司级）、厂处级（含地市公司、省公司直属单位级）荣誉、县公司级
政工系列	电力政工专业	副高	五选一	五选一			除破格条件下的专家称号外的个人称号	
			取得政工师职称证书后，作为主要负责人或工作人员，完成制定并在本网（省/公司级）公司级推广的制度、规定、办法，被上级主管部门认定	取得政工师职称证书后，作为主要负责人员，完成有较高水平的论文、调研报告及作品（文字不少于3000字，音像不少于30分钟，图像不少于5幅），有一件/篇获得省级，或两篇/件（件）获得地（市）级奖。（注：政工系列的管理创新、调研课题计分，QC、群创、论文、专利等不计分，选填业绩中较为合适）	取得政工师职称证书后，在省（部）级及以上组织的专业会议交流，或在国家批准出版的刊物上发表过两篇及以上撰写有较高水平的论文、调研报告	取得政工师职称证书后，独立撰写或撰写过两篇及以上论文，及在国家批准出版的刊物上发表高水平的论文、调研报告，具有很高的实用价值或技术水平		
			取得政工师职称证书后，作为主要负责人或工作人员，完成网（省）公司级公司级重大调研课题，思想政治工作有现实指导意义		取得政工师职称证书后，编写公开出版发行的教材，其中本人撰写的部分不少于3万字	取得政工师职称证书后，主持网、公司级委托制定或改修订、条例、实施细则、制度、规程等的编写工作，并已正式批准执行		
			取得政工师职称证书后，作为主要负责人或工作人员，思想政治工作重大项目获得者		取得政工师职称证书后，主编（或副主编）出版过1本专著或译著			
			取得政工师职称证书后，作为主要负责人或工作人员，具有组织领导大型企业业思想政治工作的能力，运用政治工作新方法，总结、运用新形势下思想政治工作的实践经验，并取得较好的实绩和经验，在其上级单位组织交流、推广					

续表

申报系列	分类专业	对应申报职称	业绩成果		作品成果		系统内获取	四类五级荣誉
			专业工作业绩	专业获奖情况	已出版的论文著作	未出版的技术报告（系统内部出版不算公开出版）		
			七选一		二选一			
会计系列	会计专业	副高	取得会计师或注册会计师职称证书后，在本专业管理工作中，完成较高水平的技术项目、专业项目和调研项目等，并在实践中运用产生较好效果，得到有关专家的肯定 取得会计师或注册会计师职称证书后，主持或作为骨干参加编写的本专业各专业标准、规范、规程等，被网（省）公司级业务管理部门采纳并颁行 取得会计师或注册会计师职称证书后，在组织经济核算、挖掘增产节约、增收节支潜力，或在国有资产保值增值、资产经营方面成绩显著 取得会计师或注册会计师职称证书后，在维护国家财经纪律、抵制违纪违法行为、保护国家财产、防止或避免国家财产遭受重大损失方面有突出贡献	取得会计师或注册会计师职称证书后，获得省（部）级单位授予的本专业项目奖，并且是项目的主要完成者（前三名）	取得会计师或审计师或注册会计师职称证书后，在省（部）级及以上报纸、期刊上发表过2篇以上独立完成的、有较高学术价值的论文或调查报告	取得会计师或审计师或注册会计师职称证书后，独立撰写的调查报告、经验总结、交流材料或发展规划等，在网（省）公司级单位专业工作研讨会上发表或学术交流，不少于3篇	除破格条件下的专家称号外的个人称号	四类是指综合类（劳动模范、五一劳动奖章、先进工作者、青年五四奖章、优秀班组长等）、各类人才称号（两院院士、国务院政府特殊津贴专家等各级人才称号、各级技术能手、青年岗位能手、公司系统各级科技领军人才、专业领军人才、优秀专家人才等）、专业考试（竞赛考试个人奖和专业专项个人表彰、专项工作突出贡献个人、专项工作先进个人、其他等。五级是指国家级、省部级（含行业级）、国网公司级）、地市级（省公司级）、厂处级（含地市公司、省公司直属单位级）、县公司（含基层单位级）荣誉、县公司直属单位级

申报系列	分类专业	对应申报职称	业绩成果		作品成果		系统内获取	四类五级荣誉
			专业工作业绩	专业获奖情况	已出版的论文著作	未出版的技术报告（系统内部出版不算公开出版）		
会计系列	会计专业	副高	取得会计师或审计师职称或注册会计师证书后，在实现财务ERP或会计电算化工作中，开发应用网（省）公司核算软件，通过网（省）公司级单位鉴定，取得显著成果 取得会计师或审计师职称或注册会计师证书后，熟练掌握相关科学专业的专业知识，编写过相关专业教材或讲义8万字以上，并系统地讲授过财经类专业课程	取得会计师或审计师职称或注册会计师证书后，获得省（部）级单位授予的本专业项目奖，并且是获奖项目的主要完成者（前三名）	取得会计师或审计师职称或注册会计师证书后，在省（部）级及以上报纸、期刊上发表过2篇以上独立完成的、有较高学术价值的论文或调查报告	取得会计师或审计师职称或注册会计师证书后，独立撰写的调查报告、经验总结、交流材料或发展规划等，在网（省）公司级单位专业工作研讨会上发表或专业学术交流，不少于3篇	除破格条件下的专家称号外的个人称号	四类是指综合类（劳动模范、五一劳动奖章、先进工作者、青年五四奖章、优秀班组长等）、各类人才称号（两院院士、国务院政府特殊津贴专家等）、各级技术能手、青年岗位能手、公司系统各级领军人才、专业领军人才、优秀专家人才等）、专业专项个人奖和专业专项表彰（先进个人、专项工作突出贡献个人、专项工作先进个人、竞赛考试个人、其他等。 五级是指国家级、省部级（含行业级）、国网公司级（含省公司级）、地市级（含地市公司、厂处级（含省公司、省公司直属单位级）、县公司级。
			四选一		四选一			
		正高	取得高级会计师职称证书后，在本专业管理工作中，作为主要完成人或主持完成省省公司级及以上相关领域重大项目2项，解决重大关键疑难问题，通过相关审计验收，提高单位管理效率或经济效益	取得高级会计师职称证书后，获得国家科学技术进步奖1项；省部级科学技术进步奖二等奖及以上1项或三等奖及以上2项；省公司级科学技术进步奖三等奖及以上3项；会计领域专项奖国家省部公司级1项或省公司级（主要完成人）3项	取得高级会计师职称证书后，独立或作为第一作者，在公开出版或行的期刊或学术会议（或国际研讨会、中国会计学术年会、CJAS学术研讨会等）发表本专业论文3篇及以上，其中，核心期刊或被SCI、EI、SSCI、ISTP、AHCI收录的论文至少1篇。上述公开发表的论文，经专家审核，确有创新或对会计实务工作具有重要指导意义	取得高级会计师职称证书后，参与编写或修订省部级及以上会计、财务管理等方面的标准、制度、规范、规程等2项及以上，并颁布实施或公开发行		

续表

申报系列	分类专业	对应申报职称	业绩成果 · 专业工作业绩	业绩成果 · 专业获奖情况	作品成果 · 已出版的论文著作	作品成果 · 未出版的技术报告（系统内部出版不算公开出版）	系统内获取	四类五级荣誉
会计系列	会计专业	正高	取得高级会计师职称证书后，作为主要完成人，在提升企业经济效益方面取得显著工作业绩，企业电价、净利润、利润总额、营业收入利润率、资产负债率等本省主要经济指标达到全国或本省同行业先进水平，并得到省部级公司级或行业管理部门认可、推广或表彰	取得高级会计师职称证书后，获得国家科学技术进步奖1项；省部级科学技术进步奖二等奖2项，或三等奖及以上1项或省公司级科技成果一等奖2项；省部级专项奖国家级1项或省部级2项或省公司级（主要完成人）3项	取得高级会计师职称证书后，公开出版本专业较高学术价值或实用高价值的著作1部或教材、技术手册2部，其中本人撰写2部，分不少于5万字	取得高级会计师职称证书后，主持完成省公司级及以上本专业相关研究报告、项目报告、财务规划等代表性成果，并在本专业领域内具有重大影响，得到有效应用	除破格条件下的专家称号外的个人称号	四类是指综合类（劳动模范、五一劳动奖章、先进工作者、青年五四奖章、优秀班组长等）、各类人才称号（两院院士、国务院政府特殊津贴专家等各级人才称号、青年技术能手、岗位能手、公司系统各级科技领军人才、专业领军人才、优秀专家人才等）、竞赛考试个人奖和专业专项先进个人、专业工作突出贡献个人、专项工作先进个人、竞赛考试个人奖）、其他等。五级是指国家级、省部级（各行业级）、国网公司级（各省公司级）、地市级（各地市公司、厂处级（各省公司、省公司直属单位、县公司级荣誉、县公司级
新闻系列	电力新闻专业	中级	取得助理记者、助理编辑资格证书后，能独立完成新闻采访工作，并公开在报纸杂志上刊登署名的稿件80篇或合作署名20万字的稿件以上（如合作署名合作者须是主要执笔），有3篇被评为省（部）级及以上优秀稿件或稿件 五选一	取得助理记者、助理编辑资格证书后，独立负责编辑、组版等编辑工作，编写稿件60万字以上，所编发（或编辑）的稿件、版面（或版面、版式）符合见报要求，有3篇被评为省（部）级及以上优秀稿件或优秀作品	取得助理记者、助理编辑资格证书后，公开发表有一定学术水平的专著或译著 三选一	取得助理记者、助理编辑资格证书后，参加编写省电力公司级或本专业本部门各类技术文件2篇及以上		

申报系列	分类专业	对应申报职称	业绩成果		作品成果		系统内获取	四类五级荣誉
			专业工作业绩	专业获奖情况	已出版的论文著作	未出版的技术报告（系统内部出版不算公开出版）		
		中级	取得助理记者、助理编辑资格证书后，熟练掌握版面美化设计和美术宣传所需要的各种技巧和知识，独立设计的版面100块及以上	取得助理记者、助理编辑资格证书后，熟练地掌握新闻摄影的技能，独立拍摄的新闻作品发表达到80幅及以上，有3幅新闻图片被评为省级及以上优秀作品（部）	取得助理记者、助理编辑资格证书后，在省（部）级报纸、刊物上公开发表过2篇及以上有价值的论文			四类是指综合类（劳动模范、五一劳动奖章、先进工作者、青年五四奖章、优秀班组长奖等）、各类人才称号（两院院士、国务院政府特殊津贴专家等、各级技术专家、青年岗位能手、公司系统各级科技领军人才、专业领军人才、优秀专家人才等）、专项专业类（专业工作先进个人、专项工作先进个人、竞赛考试个人、其他等）。五级是指国家级、省部级（含行业级）、国网公司级（含省公司级）、地市级（含地市公司、厂处级（含省公司、省公司直属单位级）荣誉、县级）
			曾讲授过本专业课程，或参加编写过本专业教材或讲义1万字及以上		五选一			
新闻系列	电力新闻专业	副高	取得记者、编辑职称证书后，精通并掌握版面美化设计和美术宣传所需要的各种技巧和知识，独立设计的版面120块及以上	取得记者、编辑职称证书后，曾主持完成过5次及以上重点新闻报道，并公开在报刊上刊登，单独署名或主要执笔的稿件100篇或25万字及以上（如果合作署名，有5篇主要执笔），有5篇稿件被评为省（部）级及以上优秀作品或优秀作品，其中至少有1篇获二等奖	取得记者、编辑职称证书后，公开发表过有较高学术水平的专著或译著	取得记者、编辑职、主笔编写的网（省）级本专业或本部门各类技术文件3篇及以上	除破格条件下的专家称号外的个人称号	
			五选一		三选一			

续表

申报系列	分类专业	对应申报职称	业绩成果		作品成果		系统内获取	四类五级荣誉
			专业工作业绩	专业获奖情况	已出版的论文著作	未出版的技术报告（系统内部出版不算出版）		
新闻系列	电力新闻专业	副高	取得编辑职称证书后，编辑、审稿、组版等编辑工作，编写稿件80万字及以上，主笔编写过本专业教材或讲义8万字及以上，系统地讲授过本专业课程	取得记者、编辑职称证书后，主持并负责编稿、审稿，组版等编辑工作，符合公开见报的要求，审稿符合公开见报要求的稿件400万字及以上，有5篇及以上优秀稿件被评为省（部）级优秀作品，其中至少有1篇获省二等奖 （五选一） 精通并掌握抓拍各种新闻体裁的技能，独立拍摄的新闻作品发表达到100幅及以上，有5篇新闻摄影作品被评为省部级及省部级级优秀作品，其中至少有1篇获省一等奖	取得记者、编辑职称证书后，在省级报纸、刊物上公开发表过本专业3篇及以上有价值的论文		除破格条件下的专家称号外的个人称号	四类是指综合类（劳动模范、五一劳动奖章、先进工作者、青年五四奖章、优秀党组织班子等）、各类人才类称号（两院院士、国务院政府特殊津贴专家等）、各级人才类称号，各级技术能手、青年岗位能手、公司系统各级科技领军人才、专业领军人才、优秀专家人才等）、竞赛考试个人奖和专业工作先进个人、专项工作先进个人、竞赛考试个人奖）、专业工作先进个人、专项工作先进个人等。五级是指国家级、省部级（含行业级）、省公司级（含各公司级）、地市级（含地市公司、省公司直属单位）、厂处级（含地市公司、县公司级）荣誉、县公司直属单位级
		正高	取得主任记者、主任编辑职称后，主持并负责新媒体策划、采写、编辑、制作，审核、发布、运营等工作，审核符合公开发布要求的作品400条及以上，至少有5条作品被评为省部级及以上优秀作品（点击）量在10万条阅读以上，有5条作品被评为省部级及以上优秀作品，其中有2条获一等奖或2条获二等奖（五选一）	取得主任记者、主任编辑职称后，作为主要负责人、策划、组织完成过5次及以上电力行业重大主题新闻报道或新媒体主题传播项目，并被评为省部级及以上优秀稿件或优秀作品，其中有1篇获一等奖	取得主任记者、主任编辑职称后，作为第一作者，在公开出版发行的报刊上发表本专业论文3篇及以上（三选一）	取得主任记者、主任编辑职称后，参与编写或修订新闻技术（管理）标准、规范、制度、规程、规则等省部级公司及以上2项或省公司级及以上5项，并颁布实施或公开发行		

续表

申报系列	分类专业	对应申报职称	业绩成果		作品成果		系统内获取	四类五级荣誉
			专业工作业绩	专业获奖情况	已出版的论文著作	未出版的技术报告（系统内部出版不算公开出版）		
新闻系列	电力新闻专业	正高	取得主任记者、主任编辑职称后，精通并掌握抓拍各种新闻体裁的新闻摄影技能，独立拍摄的新闻摄影作品发表达到100幅及以上，有5幅摄影作品被评为省部级及以上优秀作品，其中有1幅获一等奖或2幅获二等奖	取得主任记者、主任编辑职称后，单独主笔采写的新闻稿件被报刊采用的数量不少于30万字，有5篇稿件被评为省部级及以上优秀作品，其中有1篇获一等奖或2篇获二等奖	取得主任编辑职称后，作为主要作者，公开出版本专业有较高学术价值或实用价值的著作、教材、技术手册等1部，其中本人撰写部分不少于5万字			四类是指综合类（劳动模范、五一劳动奖章、先进工作者、青年五四奖章、优秀班组长等）、各类人才称号（两院院士、国务院政府特殊津贴专家等）、各级人才称号、青年岗位能手、公司系统各级科技领军人才、专业领军人才、优秀专家人才等；专业专项奖和竞赛考试个人奖和专业专项先进个人、专项工作突出贡献个人、先进个人、竞赛考试个人奖）、其他等。五级是指国家级、省部级（含行业级）、国网公司级、地市级（含省公司级）、厂处级（含地市公司、省公司直属单位级）、县公司级荣誉。
			取得主任称后，主持负责组稿、编稿、审稿、组版等编辑工作，审稿符合公开见报要求的稿件500万字及以上，编稿符合公开见报要求的稿件100万字及以上，有5篇稿件被评为省部级及以上优秀作品或优秀稿件，其中有1篇获一等奖或2篇获二等奖				除破格条件下的专家称号外的个人称号	

续表

申报系列	分类专业	对应申报职称	业绩成果		作品成果		系统内获取	四类五级荣誉
			专业工作业绩（六选一）	专业获奖情况	已出版的论文著作（三选一）	未出版的技术报告（系统内部出版不算公开出版）		四类是指综合类（劳动模范、五一劳动奖章、先进工作者、青年五四奖章、优秀班组长奖等）、各类人才称号（两院院士、国务院政府特殊津贴专家、各级各类人才、省级人才、青年人才、专业领军人才、专业技术能手、公司系统各级科技领军人才、优秀专家人才等）、专项工作先进个人（专项工作突出贡献个人、专项工作先进个人、竞赛考试个人奖）、其他等。五级是指国家级、省部级（含行业级）、国网公司级（含省公司）、地市级（含地市公司）、厂处级（含地市公司、省公司直属单位级）、县公司级荣誉、县公司级。
			取得助理馆员资格证书后，作为技术骨干参加大中型企事业单位专业主管部门有关档案专业综合研究课题的研究，且为单项研究报告的主要撰写人之一		取得助理馆员资格证书后，公开发表过的有一定学术水平的专著或译著	取得助理馆员资格证书后，参加主管部门并编写采用2篇以上对实际工作具有指导意义的经验总结、调查报告等		
档案系列	档案专业	馆员（中级）	取得助理馆员资格证书后，参与本专业技术规程、规范、制度、管理办法等不少于1项，其主笔编写的部分章节被采纳，并经上级主管部门批准实施	取得助理馆员资格证书后，获得省电力公司等同级以上单位（含省档案局）授予的本专业及以上各种奖励，是获奖项目的主要完成者	取得助理馆员资格证书后，省电力公司等省级及以上级公开上报纸、刊物上发表过本专业2篇以上有价值的论文，或在公开发行的报纸、刊物上发表过一篇有价值的论文		除破格条件外的专家称号下的个人称号	
			取得助理馆员资格证书后，在省电力公司等同级以上单位（含省档案局）召开的档案工作或学术交流会上，提交过2篇以上有价值的交流材料、经验总结等					
			取得助理馆员资格证书及等同级资格证书，并提交过5000字以上有价值的编制的成果材料，有单位证明					
			取得助理馆员资格证书后，曾讲授过本专业课程，或参加编写本专业教材，需讲义5万字以上					

申报系列	分类专业	对应申报职称	业绩成果（六选一）		作品成果（四选一）		系统内获取	四类五级荣誉
			专业工作业绩	专业获奖情况	已出版的论文著作	未出版的技术报告（系统内部出版不算公开出版）		
档案系列	档案专业	副研究馆员（副高）	取得馆员职称证书后，在档案、图书资料保护技术、科研、现代化管理等工作中，完成具有较高水平的工作或科研项目和技术项目，并通过省（部）级以上主管组织的专家认定	取得馆员职称证书后，获得省（部）级单位授予的本专业科技成果二等奖1项或其他奖次多项，并是获奖项目的主要完成者（前三名）	取得馆员职称证书后，作为主要作者，正式出版过1本以上的学术、技术专著或译著	取得馆员职称证书后，主笔编写省（部）级以上主管业务部门（采用2篇及以上）对实际工作具有指导意义的经验总结、调查报告、业务工作标准	除破件条件下的专家称号外的个人称号	四类是指综合类（劳动模范、五一劳动奖章、先进工作者、青年五四奖章、优秀班组长等）、各类人才称号（两院院士、国务院政府特殊津贴专家等）、各级人才称号、各级技术能手、青年岗位能手、公司系统各级领军人才、专业领军人才、优秀专家人才等、专业专项个人奖和专业专项先进个人（专项工作突出贡献个人、专项工作先进个人、竞赛考试个人奖）、其他。五级是指国家级、省部级（含行业级）、国网公司级（含省公司级）、地市级（含地市公司级）、厂处级（省公司直属单位级、省公司本部级、县公司级）荣誉。
			取得馆员职称证书后，图书资料管理工作中，在档案、图书资料标准、制度的网（省）、公司级以上专业标准，同时对系统具有专业指导意义并被采纳	取得馆员职称证书后，获得网（省）公司级授予的本专业科技成果一等奖一项或其他等次多项，并且是获奖项目的主要完成者（前三名）	取得馆员职称证书后，在各种公开发行的报纸、刊物上发表过本专业2篇以上有较高学术水平的学术或技术论文	取得馆员职称证书后，主持并完成省（公司）级单位有关托制定或修改本专业的标准、规章、制度、规程、技术规范等编制工作		
			取得馆研工作中，公开发行，编著出版过20万字以上，具有较高水平的编研史料或参考材料					
			取得馆员职称证书后，熟练掌握相关本专业知识，承担过本专业教材的编写工作，其中本人撰写的部分不少于3万字，专业教育培训工作中，系统地讲授过档案、图书资料专业课程					

续表

申报系列	分类专业	对应申报职称	业绩成果（三选一）		作品成果（四选一）		系统内获取	四类五级荣誉
			专业工作业绩	专业获奖情况	已出版的论文著作	未出版的技术报告（系统内部出版不算公开出版）		
档案系列	档案专业	正高	取得副研究馆员职称证书后，在档案科研、档案现代化管理等工作中，完成具有高水平的技术项目、编研成果等，并通过国家档案局组织认定的专家成果	取得副研究馆员职称证书后，获得国家级科技进步（成果）奖三等奖及以上；省部级一等奖及以上，或其他等级级奖多项	取得副研究馆员职称证书后，在核心期刊（含SCI、EI、SSCI等收录）上发表本专业论文2篇及以上（至少1篇为独立撰写或第一作者）。上述公开发表的论文，确有创新或对工作具有重要指导意义	取得副研究馆员职称证书后，完成过本专业、国家或行业标准、规程等的编制实施，并获得批准实施或取得明显效果或在行业内有较大影响	除破格条件下的专家称号外的个人称号	四类是指综合类（劳动奖章、五一劳动奖章、先进工作者、优秀班组长等）、各类人才称号（两院院士、国务院政府特殊津贴专家等各级人才称号、各级技术能手、公司系统各级领军人才、专业领军人才、优秀专业人才等）、竞赛考试专业工作先进个人、专项工作突出贡献个人、专项工作先进个人、竞赛考试个人奖、其他等。五级是指国家级、省部级（含行业级、国网公司级）、地市级（含省公司级）、厂处级（含地市公司、省公司直属单位级）荣誉、县公司级
			取得副研究馆员职称证书后，获得档案工作发明专利2项及以上		取得副研究馆员职称证书后，作为主要作者，公开出版过20万字以上具有较高研究价值的编研史料或参考材料	取得副研究馆员职称证书后，作为本专业主要工作者，公开出版过本专业有较高学术价值或实用价值的著作、教材、技术手册等		

申报系列	分类专业	对应申报职称	业绩成果		作品成果		系统内获取	四类五级荣誉
			专业工作业绩	专业获奖情况	已出版的论文著作	未出版的技术报告（系统内部出版不算公开出版）		
			四选一		四选一			四类是指综合类、五一（劳动奖章、先进工作者、青年五四奖章、优秀班组长等）、各类人才称号等（两院院士、国务院政府特殊津贴人才称号、各级领军人才、青年岗位能手、公司系统各级科技领军人才、专业领军人才、优秀专家人才等）、竞赛考试专项个人奖和专业工作先进个人、专项工作突出贡献个人、竞赛考试先进个人、其他等。 五级是指国家级、省部级（含行业）、国网公司级（含省公司级）、地市级（含省公司）、厂处级（含公司直属单位级）、省公司级、县公司级。
经济系列	电力经济专业	副高	取得经济师职称证书后，担任负责主要工作人员或负责人，完成国家或省（部）级重大科研项目，具有较大的创新性	取得经济师职称证书后，担任负责主要工作人员，获得一项国家或省（部）级科学技术进步奖，或二项及以上网（省）（公司）级经济科技进步（成果）奖，或同等级别的经济技术成果奖。（注：经济系列管理创新、调研课题计分，QC、群创、论文、专利等不计分，选填业绩中较为合适）	取得经济师职称证书后，独立撰写第一撰写人在国家批准出版的科技、经济期刊上发表过2篇及以上具有较高学术水平的学术论文，及经济技术或经济管理论文		除破格条件下的专家称号外的个人称号	
			取得经济师职称证书后，担任负责主要工作人员，提出的经济管理或经营管理等（部）级以上难度较大经济管理标准、规范办法制定（包括制定管理标准等），经验收认定取得较大的社会效益和经济效益		取得经济师职称证书后，编写或修订公开出版发行的经济技术或经济管理等方面的规程、规范、标准或教材、技术手册	取得经济师职称证书后，独立撰写过2篇及以上本人直接参加的重要技术、经济技术报告。立论正确，数据齐全，结构严谨，观点清晰，具有较高的学术水平或实用价值		
			取得经济师职称证书后，担任负责主要工作人员或负责人，对科技进步、专业技术发展或提高管理水平、经济效益具有重大促进作用		取得经济师职称证书后，作为主要作者，正式出版过一本经济技术或经济管理等方面的专著或译著			

续表

申报系列	分类专业	对应申报职称	业绩成果（四选一）		作品成果（四选一）		系统内获取	四类五级荣誉
			专业工作业绩	专业获奖情况	已出版的论文著作	未出版的技术报告（系统内部出版不算公开出版）		
经济系列	电力经济专业	正高	取得高级经济师职称证书后，主持本专业领域管理改革，创造性地提出改进和加强管理的重要思路、意见和措施，并成功应用于省公司及以上单位推广，在省公司及以上单位工作实践、专业及管理等工作实践验收及认定取得较大的管理效益和经济效益	取得高级经济师职称证书后，获得国家科学技术进步奖1项；省部级科学技术进步奖一等奖或二等奖2项或三等奖3项；省公司级科学技术进步奖（主要完成人）一等奖3项或二等奖4项、三等奖4项；在经济领域的研究成果获得国家管理创新奖2项，或省部级管理创新奖（主要完成人）一等奖2项、二等奖3项或三等奖3项（含相应专业奖项）	取得高级经济师职称证书后，独立或作为第一作者，在公开出版发行的期刊上发表本专业论文3篇及以上，其中核心期刊或被SCI、EI、SSCI、ISTP收录至少1项；上述公开发表论文，经专家审核，确有创新或对经济工作具有重要指导意义；取得高级经济师职称证书后，作为主要作者，公开出版本专业有较高学术价值或实用价值的著作1部或教材、技术手册2部，其中本人撰写的著作等代表性成果并在本专业领域内具有分不少于5万字	取得高级经济师职称证书后，参与编写以上经济管理或修订省部级或经营技术等方面的中长期发展规划、企业经营战略，重要管理标准、制度、规范，规程等2项及以上，并颁布实施或公开发行；取得高级经济师职称证书后，主持完成本专业及省公司级以上本专业相关研究报告、项目报告等代表性成果并在本专业领域内具有重大影响，得到有效应用	除破格条件下的专家称号外的个人称号	四类是指综合类（劳动模范、五一劳动奖章、先进工作者、青年五四奖章、各类人才称号（两院院士、国务院政府特殊津贴专家、各级人才称号、青年各级技术能手、岗位能手、公司系统各级科技领军人才、专业领军人才、优秀专家人才等）、竞赛考试个人奖和专业专项个人表彰专业工作先进个人、专项工作先进个人、竞赛考试个人奖）、其他等。五级是指国家级、省部级（含行业级）、国网公司级（含省公司级）、地市级（含地市公司、厂处级（含地市公司、省公司直属单位级）荣誉、县公司级

申报系列	分类专业	对应申报职称	业绩成果（三选一）		作品成果（四选一 / 三选一）		系统内获取	四类五级荣誉
			专业工作业绩	专业获奖情况	已出版的论文著作	未出版的技术报告（系统内部出版版不算公开出版）		
卫生系列	医、药、护、技专业	副高	取得主治医师或主管药师或主管技师或主管护师或主管检验师资格后，作为主要工作人员，开展具有省及省以上先进水平的新技术、新业务；取得主治医师或主管药师或主管技师或主管检验师资格后，作为主要工作人员或主要负责人员，有一项中有价值的技术革新或发明创造	取得主治医师或主管药师或主管技师或主管护师或主管检验师或主要负责人或主要工作人员，获地（市）级以上科技成果及以上级进步奖	取得主治医师或主管药师或主管技师或主管护师或主管检验人员或主要负责人员，在国内、外作为主要工作人员，在国内、外专业学术刊物上发表论文或综述2篇	取得主治医师或主管药师或主管技师或主管护师或主管检验师资格后，作为工作人员，具备一定的教学能力，承担本专业学术讲座不少于10次；取得主治医师或主管药师或主管技师或主管护师或主管检验师资格后，作为主要工作人员或主要负责人员，具备一定的科研能力，参加各种学术交流活动不少于5次；取得主治医师或主管药师或主管技师或主管护师或主管检验师资格后，参加撰写专业技术著作	除破格条件下的专家称号外的个人称号	四类是指综合类（劳动模范、五一劳动奖章、先进工作者、青年五四奖章、优秀班组长等），各类人才称号（两院院士、国务院政府特殊津贴专家等各级人才称号、青年岗位能手、公司系统各级领军人才、专业领军人才、优秀专业人才等），竞赛考试个人奖和专业工作先进个人、专项工作突出贡献个人、竞赛考试先进个人、其他等。五级是指国家级、省部级（各行业级）、地市级（各省公司级）、厂处级（含地市公司）、省公司直属单位级荣誉、县级单位级荣誉、其他等。
		正高	取得副主任医师后，符合下列相应工作量要求（除符合相应工作业绩外，专业工作量，已出版的论文著作、未出版技术著作需报告满足（至少3项）。主任医师：重点从技术能力、质量安全、资源利用、患者管理四个维度对工作进行总结，专业工作业绩，平均每年参加门诊工作时间原则上不得少于90个半天，主持查房40次以上。具体可包括参加门诊人次数、出院人次数、专业工作天数，门（急）诊诊人次数等	取得副主任医（药、护、技）师职称证书后，解决本专业复杂疑难问题并形成的临床病案例、手术视频、护理案例、应急处置情况报告、技术指导报告等第1项	取得副主任医（药、护、技）师职称证书后，独立或作为第一作者，在国家级专业学术刊物上发表论文3篇及以上，其中核心期刊或SCI收录的论文至少1篇（必备条件）	取得副主任医（药、护、技）师职称证书后，参与研究形成国家或地方行业技术规范、地方标准，并颁布实施或公开出版发行		

续表

申报系列	分类专业	对应申报职称	业绩成果		作品成果		系统内获取	四类五级荣誉
			专业工作业绩	专业获奖情况	已出版的论文著作	未出版的技术报告（系统内部出版不算公开出版）		
卫生系列	医、药、护、技专业	正高	主任药师：重点从技术能力、质量安全、资源利用、患者管理四个维度工作进行总结，平均每年参加药学专业工作时间不少于35周。具体可包括参加专业工作天数、完成药历份数、提供临床咨询次数等	取得副主任医（药、护、技）师职称证书后，获得省部级及以上科技进步（成果）奖	取得副主任医（药、护、技）师职称证书后，作为主要作者，公开出版本专业有较高学术价值或实用价值的著作1部	取得副主任医（药、护、技）师职称证书后，参与研究形成国家规范、地方行业技术标准、卫生标准，并颁布实施或公开出版发行	除破格条件下的专家称号外的个人称号	四类是指综合类（劳动模范、五一劳动奖章、先进工作者、青年五四奖章、各类人才称号）、各级专家（两院院士、国务院政府特殊津贴专家等）、各级技术能手、青年岗位能手、公司系统各级科技领军人才、专业领军人才、优秀专家人才等）、竞赛考试个人奖和专业专项个人奖（专业专项工作突出贡献个人、专业专项工作先进个人、竞赛考试个人奖）、其他等。五级是指国家级、省部级（各行业级）、国网公司级（含省公司级）、地市级（含地市公司、厂处级（含省公司直属公司、省公司直属单位级）荣誉、县公司级
			主任护师：重点从技术能力、质量安全、资源利用、患者管理四个维度工作进行总结，平均每年参加临床护理、护理管理、护理教学专业工作时间不少于35周。具体可包括参加专业工作天数、护理专科门诊天数等	取得副主任医（药、护、技）师证书后，吸取新理论、新知识、新技术相关的与本专业技术形成的技术有国内外先进水平并开展实施新技术、新业务				
			主任技师：重点从技术能力、质量安全、资源利用、患者管理四个维度工作进行总结，平均每年参加专业工作时间不少于35周。具体可包括参加专业工作天数、完成检验/检查项目数、高风险操作/特殊检查人次数等	取得副主任医（药、护、技）师证书后，参加国家级、省部级继续教育工作并获得职称证书				

申报系列	分类专业	对应申报职称	业绩成果		作品成果		系统内获取	四类五级荣誉
			专业工作业绩	专业获奖情况	已出版的论文著作	未出版的技术报告（系统内部出版不算公开出版）		
			讲师（中级）工作职责：讲师、担任一门或一门以上课程的教学工作和指导实验室的工作，并撰写本专业具有一定水平的教学研究论文，参加培训教师的工作。担任和培训教师的政治思想工作和学生的政治思想工作、社会调查等方面的管理工作。承担用一种外国语翻译本专业一般资料的任务	任职条件：①大学专科毕业以上，担任助理讲师职务四年以上，能担任讲师训教员等工作；②能胜任一门或一门以上课程的讲授工作和全部教学工作，质量较高，教学效果好；③掌握一门外国语，能阅读本专业的外文书籍和资料				四类是指综合类（劳动模范、五一劳动奖章、先进工作者、青年五四奖章、优秀班组长等）、各类人才称号（两院院士、国务院政府特殊人才津贴专家等）、各级人才岗位（各级技术能手、青年岗位能手、公司系统各级科技领军人才、专业领军人才、优秀专家人才等）、竞赛考试个人奖和专业专项工作先进个人、专项工作突出贡献个人、专业考试个人奖、竞赛考试个人奖）、其他等。五级是指国家级、省部级（各行业级）、国网级（各公司级）、地市级（含地市公司）、厂处级（含地市公司、省公司直属单位级）、省公司县公司级荣誉、县公司级
技工院校教师系列	教学及相关专业	文化、技术理论课教师	高级讲师（副高）工作职责：熟练地担任两门或两门以上课程的教学工作和组织实验及生产实习教学工作，负责指导本专业的教学研究、撰写较高水平的教学论文，主持编写本专业的教材和教学，担任学生思想政治工作、社会调查等方面的组织管理工作，较熟练地承担用一种外国语翻译本专业书籍、资料的任务	任职条件：①具有大学本科毕业以上学历，担任讲师职务五年以上，能联系实际进行比较深入的研究工作（包括主编高质量的教材等），或者在生产技术方面有较大的贡献，能指导提高讲师的业务水平；②能熟练地担任2门或2门以上课程的讲授和全部教学工作，教学经验丰富，质量高，能起到学科带头人的作用；③熟练地掌握一门外国语			除破格条件下的专家称号外的个人称号	

续表

申报系列	分类专业及相关专业	对应申报职称	业绩成果		作品成果		系统内获取	四类五级荣誉
			专业工作业绩	专业获奖情况	已出版的论文著作	未出版的技术报告（系统内部出版不算公开出版）		
技工院校教师系列	教学及相关专业	生产实习指导课教师	一级实习指导教师（中级）工作职责：熟练地担任生产实习课的教学工作，对工具、设备的正确使用及保养维修；讲授本工种（专业）的工艺理论课，参加编写教材和承担一定的生产实习教学研究，承担技术革新任务以及指导三级实习指导教师业务能力的提高和教学业务理论水平的提高，文明生产，担任生产、安全生产教育的组织管理工作 高级实习指导教师（副高）工作职责：熟练地担任生产实习、工艺学理论课的教学工作，组织指导本工种（专业）生产实习教学研究和技术革新，撰写一定质量的论文和教学经验总结；主持和提高三级、二级、一级实习指导教师的业务技能，文明生产，安全生产，担任生产工作和生产实习教学的组织管理工作，承担本专业一般资料的任务，翻译本专业1门外国语	任职条件：①大学专科毕业，担任二级实习指导教师四年以上，能胜任本工种（专业）生产实习课和理论工艺学课的教学工作；②对本工种（专业）的实际操作技能达到本工种高级技工的水平；在技术革新和生产实习教学中有较大贡献 任职条件：①大学专科毕业，担任一级实习指导教师五年以上，并已取得大学本科毕业学历，熟练地担任本工种（专业）生产实习课及工艺学理论课的教学工作，教学经验丰富，能主持实习课编写教材，有独特、高超的技艺，在生产和技术革新方面或在实习教学中成绩卓著；②掌握1门外国语			除破格条件下的专家称号外的个人称号	四类是指综合类（劳动模范、五一劳动奖章、青年五四奖章、优秀班组长奖等），各类人才称号（两院院士、国务院政府特殊津贴专家等），各级人才称号、各级技术能手、专业领军人才、岗位能手、公司系统各级科技领军人才、优秀专家人才等），五类专项个人奖和专业专项表彰（个人、专项工作突出贡献个人、专项工作先进个人、竞赛考试个人奖），其他等。五级是指国家级、省部级（含行业级）、国网公司级（含省公司级）、地市级（含省公司）、厂处级（含地市公司、省公司直属单位级）荣誉、县公司级

申报系列	分类专业	对应申报职称	业绩成果		作品成果		系统内获取	四类五级荣誉
			专业工作业绩	专业获奖情况	已出版的论文著作	未出版的技术报告（系统内部出版不算公开出版）		
			九选二		三选一			
技工院校教师系列	教学及相关专业	正高	取得高级讲师（高级实习指导教师）职称证书后，最近三年坚持带徒，主持建设并经过省部级及以上发布的实训基地1个及以上，或主持、组织过校企融合团队对企业技改、科技项目改关且经过省部级及以上相关部门鉴定验收或表彰奖励	取得高级讲师（高级实习指导教师）职称证书后，教师本人参加教师说课、微课、示范课、教案、课件制作等教学类大奖赛取得省部级优二等奖取得国家级或省部级及以上奖励	取得高级实习指导教师（高级讲师）职称证书后，独立或作者正式出版著作1本，或主编公开出版教材1本，的编著作为排名第二的编著出版教材2本，且广泛使用，效果良好	取得高级实习指导教师（高级讲师）职称证书后，主持或参写省部级及以上职业培训类标准、规程等，并编写省部级及以上职业教育与职业规范、规程等，并实施出版公开发行	除破格条件下的专家称号外的个人称号	四类是指综合类（劳动模范、五一劳动奖章、先进工作者、青年五四奖章、优秀班组长等）、各类人才称号（两院院士、国务院政府特殊津贴专家等各级人才称号、各级领军专业人才、公司系统各级科技领军人才、专业领军人才、优秀专家人才等）、竞赛考试专项个人奖和专业工作突出贡献个人、专项工作先进个人、竞赛考试先进个人、其他等（专项个人奖）、其他等。五级是指国家级、省部级（各行业级）、地市级（含省公司级）、国网公司级）、厂处级（含地市公司、省公司直属单位级）、省公司级）、县级（省属单位级）荣誉。
			取得高级讲师（高级实习指导教师）职称证书后，主持或组织培训机构教学院校或骨干教研团队开发完成省部级网络共享课程的精品课程或教学资源库1项及以上	取得高级讲师（高级实习指导教师）职称证书后，主持或组织骨干教学团队开发或申报示范性教学评估类优秀院校、宏观教学研究院校等工作，并获得省部级及以上表彰奖励	取得高级讲师（高级实习指导教师）职称证书后，独立或作为第一作者，在中文核心或期刊上正式发表或被SCI、EI、SSCI收录的本专业教学学术研究论文1篇及以上			

续表

申报系列	分类专业	对应申报职称	业绩成果		作品成果		系统内获取	四类五级荣誉
			专业工作业绩	专业获奖情况	已出版的论文著作	未出版的技术报告（系统内部出版不算出版）		
			取得高级讲师（高级实习指导教师）职称证书后，作为第一发明人，获得与所从事专业相关的发明专利2项及以上	取得高级讲师（高级实习指导教师）职称证书后，指导学生参加本专业相关的技能竞赛，获省部级或国家级赛三等奖及以上奖励	已出版的论文著作			四类是指综合类（劳动模范、五一劳动奖章、先进工作者、青年五四奖章、优秀班组长等）、各类人才称号（两院院士、国务院政府特殊津贴专家等及各级人才称号、青年岗位能手、公司系统各级科技领军人才、专业领军人才、优秀专家人才等）、竞赛考试个人奖和专业专项表彰（专业先进个人、专项贡献个人、竞赛考试个人奖）、工作先进个人、专项赛考试个人奖）、其他等。五级是指国家级、省部级（含行业级）、国网公司级（含省公司级）、地市级（各省公司）、厂处级（各地市公司、省公司直属单位级）、县公司级
技工院校教师系列	教学及相关专业	正高	取得高级讲师（高级实习指导教师）职称证书后，作为核心教师本人为核心组建的省部级及以上的技能大师工作室团队或发布的校企金融合教学工作团队	取得高级讲师（高级实习指导教师）职称证书后，主持的科技项目获得国家级科技进步奖优秀成果奖及省部级科技进步奖三等奖及以上或省部级教学成果奖一等奖及以上；主持省部级科研课题研究1项或参与揭牌科研项目1项（前三名）并通过结题或验收 取得高级讲师（高级实习指导教师）职称证书后，教师本人参加技能大赛竞赛获省部级技能大赛二等奖及以上奖励，或中华技能大赛分级或全国技术能手省部级奖分赛优胜奖及以上国家级赛优胜奖及以上荣誉称号		取得高级讲师（高级实习指导教师）职称证书后，主持或编写省部级及以上职业培训类教材与职业标准、规程、规范等，并颁布实施或公开发行	除破格条件下的专家称号外的个人称号	

申报业绩材料解析表（专家）

申报等级	个人基本信息资料	个人荣誉证明资料	履职贡献	业绩证明资料	学术贡献证明资料	专业水平相关资料	破格申报证明	其他
国网公司级专家	包括从事本专业工作年限、技能证书、职称等级证书，现职职业资格证书，最高学历、学位证书，工作总结等	（1）作为主要完成人获得过本专业省部级及以上技能类荣誉称号。（2）参加过系统内外专业竞赛、知识调考，选拔评选，并获得相应名次及荣誉，授予人才称号或获评评选荣誉称号等	年度绩效证明，近三年绩效累计及上年绩效	省部级及以上的相关成果获奖资料（按级、奖项类别、授予单位排序），授权专利等	真实反映本人的实际情况和专业技能水平，或主要参与解决的生产技术难题、技术革新或改善合理化建议取得的成果等专业论文、专著，并已正式出版	参加制度规范编制证明，参加重点任务证明资料，参加难题攻关相关证明资料等	近3年绩效积分，学历，人才号等相关等破格申报证明材料	近3年每年承担省公司级培训授课或资源建设任务不少于40学时；或担任2名及以上员工的技能师、博或职业导师，并帮助徒弟取得重要成绩
省公司级专家		（1）省公司级人才称号等，在省公司本专业领域具有较大影响力。（2）参加过系统内外专业竞赛、知识调考，选拔评选，并获得相应名次及荣誉，授予人才称号或获评评选荣誉称号等		（1）作为主要完成人获得省公司级科技、管理一等奖及以上奖励或相应级别专业效益，得到有效应用，取得较大效益。（2）主持完成省公司级及以上科技、管理研究项目。（3）注重成果省公司级重要科研攻关、工程建设攻坚任务；（4）成果获奖资料（按级、奖项类别、授予单位排序），授权专利等				
市公司级专家		（1）地市公司级人才称号等，在当地市公司本专业领域具有较大影响力。		（1）作为主要完成人获得地市公司级管理创新一等奖及以上奖励或相应级别专业奖项，相关成果得到有效应用，取得较大效益				

续表

申报等级	个人基本信息资料	个人荣誉证明资料	履职贡献	业绩证明资料	学术贡献证明资料	专业水平相关资料	破格申报证明	其他
市公司级专家	包括从事本专业工作年限证明、技能、职称等级证书、现职业资格证书、最高学历、学位证书、工作总结等	（2）参加系统内外专业竞赛、知识调考、选拔评选，并获得相应名次及荣誉，授予人才称号或获评荣誉称号等	年度绩效证明、近三年绩效累计及上年绩效	（2）作为主要完成人获得省公司级QC成果或职工技术创新二等奖及以上奖励。（3）主持完成地市公司级及以上科技、管理研究项目。（4）主持完成地市公司重点科研攻关、工程建设、攻坚任务。（5）成果获奖资料（按级、奖项类别、授予单位排序）、授权专利等	真实反映本人的实际工作情况和专业能水平，或主要参与解决的生产技术难题、技术革新或合理化建议获取的成果等专业论文著作，并已正式出版	参加制度规范编制证明、参加重点任务证明、参加难题改关相关资料	近3年绩效积等级分学历人才号等相关人才破格申报证明材料	近3年每年承担省公司级培训授课或建设资源不少于40学时；或担任2名及以上员工的技能导师、职业师傅或帮助徒弟取得重要成绩
县公司级专家		参加系统内外专业竞赛、知识调考、选拔评选，并获得相应名次及荣誉，授予人才称号或获评荣誉称号等		（1）作为主要完成人获得地市公司级管理创新三等奖及以上奖励或相应级别专业奖项，相关成果得到有效应用，取得较大效益。（2）作为主要完成人获得地市公司级QC成果或职工技术创新一等奖及以上奖励。（3）主持县公司级及以上科技、管理研究项目。（4）主持完成地市公司重点科研攻关、工程建设、攻坚任务。（5）成果获奖资料（按级、奖项类别、授予单位排序）、授权专利等				

注 同等条件下，业绩优异可优先入选。

技能等级考核评价方式及要点一览表

评价方式	评价要点	初级工	中级工	高级工	技师	高级技师	特级技师	首席技师	通过条件
专业知识考试（100分）	（1）评价要点：采用机考或笔试，重点考查基础知识、相关知识以及新标准、新技术、新技能、新工艺等。 （2）命题策略：考试组卷应按照评价标准执行，公司题卷占比不低于60%，题量及难度严格按照评价标准执行，时长不少于90min。 （3）监考人员：专业知识考试监考人员与考生配比为1:15，每个标准教室不少于2名监考人员	60%	50%	40%	30%	20%	待定	待定	各项成绩达60分，且总成绩达75分
专业技能考核（100分）	（1）评价要点：依据评价标准，重点考核执行操作规程、解决生产问题和完成工作任务的实际能力。 （2）命题策略：考核项目从公司题库中随机抽取1~3项，时长不少于60min。 （3）评委组成：各单位成立考评小组，每职业（工种）不少于3人（含组长1名），应具有相应考评员资格	40%	50%	50%	50%	60%	待定	待定	
工作业绩评定（100分）	（1）评价要点：采用专家评议，重点评定工作绩效、创新成果和实际贡献等工作业绩。 （2）评委组成：申报职工所在单位人力资源部门成立工作业绩评议小组，评定小组人数不少于3人（含组长1名）	无	无	10%	10%	10%	待定	待定	
潜在能力考核（100分）	（1）评价要点：采用专业技术总结评分和现场答辩，重点考核创新创造、技术革新以及解决工艺难题的潜在能力。 （2）评委组成：各单位成立考评小组，每职业（工种）不少于3人（含组长1名），须具有相应考评员资格	无	无	无	10%	10%	待定	待定	
综合评审	（1）评价要点：采用专家评议等，综合评审综合技能水平和业务能力。 （2）评委组成：各单位牵头成立综合评审组，每专业不少于5人（含组长1名），应具有高级技师或副高级及以上职称	无	无	无	必选	必选	待定	待定	以无记名投票方式以2/3及以上评委同意视为通过评审

附录四

职业发展常见问题解答

专家人才部分

序号	问题	解答
1	哪些人可以参加省公司级优秀人才评选?	省公司级优秀人才评选范围为长期在岗职工,但不包括各级单位领导班子成员,中层及以上干部(推荐参加国网公司首席科学家评选除外)
2	公司对聘期内的优秀专家人才有哪些要求?	公司对聘期内的优秀专家人才实行年度考核,考核内容包括政治素质、业绩成果、履职绩效和人才培养等方面,并根据考核结果兑现年度人才待遇
3	优秀专家人才每年都进行选拔吗?	优秀专家人才实行动态管理,每两年选拔一次,聘期四年。连续获得3届及以上同一优秀人才称号,且距法定退休年龄不足1届者,可自动连任该优秀人才称号至退休
4	优秀人才选拔评价标准是什么?	评价标准内容包含专业评价(40%)和基本业绩评价(60%)。人力资源部门编制基本业绩评价标准,专业部门编制专业评价标准,并从专家评价(必选)、面试、笔试和实操考核等方式选择一种或多种方式评价方式
5	优秀人才选拔是否有硬性条件?	级别不一样,申报条件也不同,一般要求申报人选要具备较高的专业素质,具有一定级别的专业技术职称或技能等级资格,近4年在创新方面至少满足一项条件:作为主要成员承担过地市公司级以上重点项目;获得过地市公司级以上管理或科技成果奖项;获得过国家授权专利;在国内外一流学术刊物上发表过高水平论文;出版过具有重要学术价值的著作
6	优秀人才无优先条件?	同等条件下,近三年获得以下称号的人选可优先入选:①国家级人才;②国网公司(省部)级人才
7	优秀人才考核如何进行?	优秀人才聘期内实行年度考核,考核内容包括政治素质、业绩成果、履职绩效和人才培养等,考核方式包括专家评议、业绩举证等。考核由人力资源部门统一组织,各专业具体负责。考核结果分为优秀、良好、合格和不合格4个等级,其中,优秀率不超过30%,良好率不超过20%
8	获得优秀人才称号有什么激励措施?	优秀人才坚持精神激励与物质奖励相结合。聘期内每月享有人才津贴,优先推荐作出重大贡献的优秀人才参加国家和地方政府人才评选,优先安排参加国内外进修学习和考察交流
9	优秀人才聘期内专业发生变动、晋升怎么办?	优秀人才聘期内专业发生变动、晋升后不在选聘范围或因不可抗力等原因无法履职者,晋升后不在选聘范围,保留称号,停发待遇
10	优秀人才名额如何分配?	各级单位优秀专家人才规模不超过职工总数的5%,科研单位可适当上浮,最高不超过10%。省公司级、地市公司级和县公司级优秀专家人才数量结合本单位处级、科级、股级正职干部数量确定。各级机关本部人选入本层级优秀人才比例不超过10%。管理类、技术类、技能类优秀人才数量比例为1:2:4,适度向技术类、技能类人才倾斜
11	仍在聘期的省公司级优秀人才能否参加本次选拔,当选后原人才称号及相关待遇是否保留?	原在聘期的专家(优秀人才)可以参加二至七级专家人才选拔,入选后按新专家人才管理办法进行管理,原称号与待遇取消

序号	问　题	解　答
12	原优秀人才称号和专家人才称号受专家待遇是否相同？原优秀人才等级称号如何对应对应的专家人才等级？	不相同，旧类优秀人才按照原《国网浙江省电力有限公司优秀人才管理实施细则》（浙电规〔2019〕6号）进行管理，直至到期解聘。自《国家电网有限公司专家人才管理办法（暂行）》与《国网浙江省电力有限公司专家人才管理实施细则（暂行）》出台后，今后按这两个文件进行管理。新旧人才分别按不同的文件管理，称号不冲突、不叠加，且无对应关系。待遇请查阅文件
13	专家人才不与领导职务、职员职级相互兼任怎么理解？	聘为二至七级专家后，原领导职务或职员职级相应免去（首席专家、院士除外）
14	原有领导职务人员评上专家人才，聘期结束后能否转任领导职务或职员职级？	专家不再聘任的，如需转任领导职务或职员职级的，须符合《领导人员管理办法》《职员职级管理指引》等制度规定，担任专家期间的年限不计入"担任领导人员和职员职级"工作年限。转任领导职务或职员职级的，专家待遇从转任当月起停止发放
15	专家人才选拔规模怎么定？	公司依据各单位领导（管理）人员编制，下达各单位四至七级专家选拔人数。各单位严格控制三类专家的规模比例，专业管理类专家数量不超过总规模的25%。同时，加大对各级生产技能类专家的倾斜力度
16	专家人才分为"三类"：科技研发类、生产技能类和专业管理类。申报类别怎么对应岗位？	科技研发类，应为从事科技研发工作的职工；生产技能类，应为生产一线从事技术技能工作的职工；专业管理类，应为各级单位本部从事专业管理工作的职工，即：除调动专业属于生产技能类外，各单位本部员工只能申报专业管理类
17	关于破格条件，近3年绩效等级累计达到5.5分及以上缩短1年，与学历等放宽年限政策是否叠加？	可叠加使用。例如：博士学历员工绩效累计5.5分，同时获得省部级荣誉称号，共可减少9年
18	申报专家所需的副高职称或高级技师专业是否必须和申报专业一致？	对于部分职称和能级获得较早，工作调动后专业与职称不符的情况，在现从事专业中确实优秀且专业部门认可的前提下，可灵活掌握"具备副高或高级技师"。如在行政综合、党建、人资等岗位人员，仅具有电力工程系列副高级以上职称，也可申报专业管理类
19	业绩条件里国家级科技进步奖的主要完成人是指排名前几的？	国家级科技进步奖含金量高，评选严谨，因此不考虑排名

续表

序号	问题	解答
20	业绩条件里的省部级重点实验室负责人、公司科技攻关团队负责人如何证明？	省部级重点实验室负责人、公司科技攻关团队负责人应以正式文件或授牌等材料进行证明
21	业绩条件里作为主要完成人获得省公司级科技进步、管理创新二等奖 1 项或三等奖 2 项，这里的"主要完成人"怎么理解？	如无特殊注明，主要完成人一般为排名前 3，论文一般为排名前 2。该条件为最低条件，大于或等于该条件级别均可
22	业绩条件里获得公司级及以上人才称号，在省公司本专业领域具有较大影响力，如何证明？	根据发文确定相应人才称号的任期，任期与评选方案规定的业绩时限有交集即可。可包括国家和地方政府评选的同等或更高级别人才称号。"省公司本专业领域具有较大影响力"以专业部门认可为准
23	一个人可以同时报二级三级吗？如果二级落选是否可以顺延至三级评选？	可以，在申报界面可以复选
24	六、七级专家人才由市公司还是县公司选拔？	市公司六、七级专家人才选拔是否由市公司统一开展或授权县公司自行开展，由市公司根据工作需要灵活掌握
25	市公司直属单位能否开展六、七级专家人才选拔，也就是说六、七级专家人才选拔是否仅针对县公司？	市公司直属单位可开展六、七级专家人才选拔，非仅针对县公司，具体由市公司综合考虑决定。根据工作需要灵活掌握
26	怎么理解"公司各级专家可采用面试答辩、实操考核、评审评议等方式评选"？	各级评选专业委员会可自行明确评选方式，可采用不同方式的组合
27	专家人才有没有专门岗位职责，日常履行哪些职责，在工作中与部门负责人层级职责如何划分，由谁日常管理？	二至七级专家三年聘期内，必须履行专家人才责任，所在单位可根据工作需要，要求其承担原岗位工作职责。日常由所在部门（单位）与专家人才对应层级专业部门同时管理。如市公司安监部门副主任，本次聘为三级专家，副主任职务免去，原副主任担任的职责可继续承担，同时完成专家人才的年度任务书。日常由市公司安监部与省公司安监部同时管理

102

序号	问 题	解 答
28	如何制定专家人才年度任务书？	高级专家的年度任务书由省公司专业部门制定，优秀专家、专家的年度任务书由市公司专业部门制定，征求所在单位意见后与专家签订。年度任务书须与专家年度业绩举证、明确其现工作职责受谁管理
29	如何理解"聘期考核采用述职评议（60%）和业绩举证（40%）相结合的方式"？	聘期内，每年采用述职评议的方式进行年度考核，占40%，三年考核结果作为聘期考核中述职评议的依据，占60%。聘期考核还增加三年业绩举证
30	专家人才年度考核结果是否与年度专业考核一致？	专家人才年度考核结果作为年度绩效考核的参考依据，且年度专业考核等级不高于年度专业考核等级
31	专家聘期聘期激励怎么执行？	以聘期截至当年的年度绩效考核奖为基准，聘期考核"优秀"的，奖励当年年度绩效考核奖的3%~5%；聘期考核"基本称职"的，扣减当年年度绩效考核奖的3%~5%
32	专家人才因专业变动取消职称和相应待遇中，这里的"专业变动"是指哪些？	此处专业变动指国网岗位分类标准中的岗位中类发生变动且离开申报时所在专业组

职称评定部分

序号	问 题	解 答
1	技能人员申报中级和副高应该什么学历？可不可以用技校？	根据不同系列有不同的学历要求，中级可以是中专及以上，副高可以是大专及以上，详见当年申报政策
2	工程系列中专学历的技能人员，能不能报中级？必须大专及以上？	工程系列申报中级要大专及以上，报副高必须本科及以上，个别系列申报可以降低学历要求
3	对抗疫人员的优惠政策是哪些？	一线人员大专学历可破格申报高资格
4	参加高级统计师、高级经济师考试，报考条件有一条"专科学历，取得中级资格，满足相应规定的年限"，专科学历取得合格证书可以申报副高吗？	申报副高个别系列可以降低学历要求，详见当年申报政策

续表

序号	问 题	解 答
5	专科学历，2017 年取得本科学历，可以申报副高吗？	申报年度前取得本科学历即可，学历专业与申报专业应一致
6	怎么样的论文可以作为核心期刊？	期刊封面或目录版权页上印制中文核心期刊、中国科技核心期刊的，并入围北大图书馆最新发布的《中文核心期刊要目总览》、中国科学技术信息研究所出版的《中国科技论文统计源期刊引证报告（核心版）》
7	怎么样的论文可以作为正式刊号的普通期刊？	期刊封面或版权页上有 ISSN 和 CN 的组合字样，《电力设备》杂志于 2008 年均已停刊，涉及该书籍的一律鉴定为无效期刊
8	怎么样的期刊可以作省（市、区）批准的内部准印期刊？	期刊封面或版权页上有"X 内资准字"出现字样
9	国网公司、省公司内部出版或发布的标准、规章制度，可以放在哪里？	可以放在技术报告等（未出版），还需提供专业技术负责人签字盖章的角色证明
10	核心期刊的增刊发表的论文核心期刊论文发表吗？	不能算，只能按"有正式刊号的普通期刊"计分
11	荣誉证书或表彰文件中没有本人姓名能算个人荣誉吗？	不能体现个人姓名的各类集体荣誉，都不能算个人的荣誉称号
12	QC 项目能算科技进步奖吗？	不能，QC、群创项目不能算获奖情况，但可以写入个人业绩
13	管理创新成果奖能算科技进步奖吗？	申报非电力工程类、工业工程类的物资、人资专业可以算，其他不算
14	竞赛调考获奖能算科技进步奖吗？	不能，只能放在荣誉称号中，可以在个人业绩中描述
15	计算机与外语考试要求有哪些？	2020 年度及以后需评定专业技术资格的计算机与外语水平能力的，必须取得国网组织的英语/计算机考试

序号	问　　题	解　　答
16	现职称证书如何认？	全民职工现专业技术资格证书必须是系统内取得的，集体职工与集体企业直接签订劳动合同的社会聘用职工可以是社会上取得的，但必须也是直接签订劳动合同签订之前或代管县上划前社会上取得的予以认可
17	援疆、藏、青人员职称申报有无优惠政策？	申报专业技术资格时，援派期间的业绩和实践在前期业绩进行积分，均可算作本专业业绩进行积分
18	哪些属于破格人员？	首先获奖证书上必须写的是"科技进步奖、技术发明奖、自然颁奖奖"这三类，其次颁奖单位是否属于省部级单位（省政府、部门、集团公司级、电机工程学会）
19	如何认定疫情防控一线人员？	主要指参与抗疫重大项目建设（如雷神山、火神山，方能医院等电力设施建设、改造以及保电工作）、进驻疫情隔离区救护（如赴武汉医疗救护）、重要科技项目研发（如疫情防治关键核心技术研究等）人员
20	正高申报的资格条件是？	具备大学本科及以上学历（工程系列需理工科，卫生系列需卫生类），副高级职称后本专业年限满5年，"本专业年限"要求本科满15年、硕士满12年、博士满7年，可申报评定正高级职称。非本专业副高级职称，需转评本专业后方可申报
21	正高资格破格申报条件是什么？	（1）获得国家科技进步奖、技术发明奖、自然科学奖二等奖及以上奖励的主要贡献者。 （2）"百千万人才工程"国家级人选、"国家高层次人才特殊支持计划"人选、"创新人才推进计划"中青年领军人才、国家突出贡献的中青年专家、享受国务院政府特殊津贴人员、中华技能大奖获得者、全国技术能手等国家级人才。 （3）获得中国专利金奖
22	副高资格破格申报条件是什么？	获得省部级科技进步奖、技术发明奖、自然科学奖二等奖及以上奖励的主要贡献者，可破格直接申报高级资格
23	申报副高评审需要考试吗？	需要。工程、档案、改工系列申报者需先参加公司组织的副高级职称评审，再凭考试合格证书，计算机类相关专业技术人员，针对从事信息通信、计算机等专业，中级、副高级职称考评人员，自动化技术"专业
24	正高能否转评吗？	不能，只能本专业副高级资格满足相应条件后正常晋级
25	哪些专业系列可以评正高？	工程系列、经济系列、会计系列、卫生系列、新闻系列
26	专业不是理工类、专业不对口学历的员工如何申报工程系列职称？	需取得2门及以上大专层次专业对口的专业课程自学考试单科结业证书，同时满足相应申报条件的，可以申报中级、副高级专业技术资格

续表

序号	问题	解答
27	外单位调入人员，如何申报？	其专业技术资格若为局级及以上单位评定或认定的，应与原电力部、国家电力公司系统的原专业技术职务任职资格一样，具有同等效用，否则需重新履行评定工作程序，重新评定
28	正高答辩流程？	正高答辩由国网人才中心统一组织，按各专业类别组织实施，原则上以分支专业成立答辩专家小组，总体流程：申报者自述（不超过3min）、答辩专家提问及申报者答辩（15min左右）、专家点评及小组评价（2~3min），时间在20min左右
29	正高答辩内容涉及范围？	经以往答辩情况看，答辩内容以个人申报业绩、申报者自述内容，作品成果等相关内容为主，即兴提问为辅
30	初中级经济师职称怎么取得的？	需要通过初中级经济师考试后取得
31	初中级经济师职称考试如何操作？	通过在浙江人事考试网上报名，通过条件审核报名成功后，参加人力资源社会保障局关于经济专业技术资格考试，成绩合格取得相应的职称
32	初级经济师报考条件有哪些？	报考人员应遵守中华人民共和国宪法和国家法律法规，贯彻落实党和国家方针政策，具有良好的职业道德、敬业精神。还须具备国家教育部门认可的高中毕业（含高中、中专、职高、技校）以上学历
33	中级经济师报考条件有哪些？	报考人员应遵守中华人民共和国宪法和国家法律法规，贯彻落实党和国家方针政策，具有良好的职业道德、敬业精神，贯彻落实党和国家方针政策，具有良好的职业道德、敬业精神。还须具备： （1）高中毕业或中等专业学校毕业，取得大学专科学历，从事相关专业工作满10年。 （2）具备大学专科学历，从事相关专业工作满6年。 （3）具备大学本科学历或学士学位，从事相关专业工作满4年。 （4）具备第二学士学位或研究生班毕业，从事相关专业工作满2年。 （5）具备硕士学位，从事相关专业工作满1年。 （6）具备博士学位，从事相关专业无需报考工作年限
34	报名条件中有关学历学位有什么要求？	所取得的学历学位必须经国家教育行政主管部门承认的正规学历或学位
35	从事相关工作年限有何要求？	从事相关专业年限一般要求是指取得规定学历前、后从事本专业工作时间的总和，计算截止日期为报考当年12月31日。具体要求以当地通知为准
36	初级经济师的考试科目有哪些？	初中级经济师考试科目包括经济学基础、专业知识和实务
37	取得初中级资格证书后就是国网系统内相应的职称了吗？	取得初中级资格证书后还需参加国网系统内的资格确认，下文后方可视为取得相应的职称： （1）取得初级资格证书后，须满足中专以上学历，专业年限满一年，方可参加资格确认。 （2）取得中级资格证书后，大学专科学历，从事专业工作满6年。

序号	问题	解 答
37	取得初中资格证书后就是国网系统内相应的职称了吗?	(3) 大学本科学历，从事专业工作满4年。 (4) 取得第二学士学位或研究生班毕业，从事专业工作满2年。 (5) 取得硕士学位，从事专业工作满1年。 (6) 取得博士学位。 符合以上条件之一方可予以确认
38	高级经济师如何报名?	登录中国人事考试网，先进行注册、上传照片，在线核验24h通过后，再次登录、完善信息，并正确填写报考信息。
39	高级经济师已报名，如何缴费?	承诺书签署提交，下载打印报名表后按系统提示在线缴纳考试费用
40	初中级审计师职称如何取得?	需要通过初中级审计师考试后取得
41	初中级审计师职称考试如何操作?	初中级审计师职称考试是国家审计局、人事部成立全国统计专业技术资格考试办公室，实行全国统一考试制度，通过浙江人事考试网填报考信息，参加考试合格后，人事部和国家审计局用印的《审计专业技术资格证书》
42	初级审计师职称考报名条件有哪些?	报名参加初级资格考试的人员，应具备以下条件: (1) 遵守国家法律，具备良好的职业道德品质。 (2) 认真执行《中华人民共和国审计法》以及有关财经法规制度，无违反财经纪律的行为。 (3) 认真履行岗位职责，热爱本职工作。 (4) 从事审计、财经工作。 (5) 具备国家教育部门认可的中专以上学历。
43	中级审计师职称考报名条件有哪些?	参加中级资格考试的人员，应具备以下条件: (1) 遵守国家法律，具备良好的职业道德品质。 (2) 认真执行《中华人民共和国审计法》以及有关财经法规制度，无违反财经纪律的行为。 (3) 认真履行岗位职责，热爱本职工作。 同时还须具备以下条件之一: (1) 取得大学专科学历，从事审计、财经工作满五年。 (2) 取得大学本科学历，从事审计、财经工作4年。 (3) 取得双学士学位或研究生班结业，从事审计、财经工作满二年。 (4) 取得硕士学位，从事审计、财经工作满一年。 (5) 获得博士学位。
44	报名条件中有关学历学位有什么要求?	所取得的学历学位必须经国家教育行政主管部门承认的正规学历或学位

续表

序号	问 题	解 答
45	从事相关工作年限有何要求？	取得规定学历后，后从事本专业工作时间的总和，计算截止日期为报考当年 12 月 31 日。具体要以当地通知为准
46	初中级审计师的考试科目有哪些？	初中级审计师考试科目包括审计专业相关知识、审计理论与务实两个科目
47	取得初中资格证书后就是国网系统内相应的职称了吗？	取得初中级资格证书后还需参加国网系统内的资格确认，下文后方可视为取得相应的职称。取得初级资格证书后，须满足中专以上学历，专业年限满一年，方可参加资格确认。 （1）取得大学专科学历，从事专业工作满 5 年。 （2）取得大学本科学历，从事专业工作满 4 年。 （3）取得双学士学位或研究生班毕业，从事专业工作满 2 年。 （4）取得硕士学位，从事专业工作满 1 年。 （5）取得博士学位。 （6）取得博士学位。 符合以上条件之一方可以确认
48	高级审计师怎么参加副高职称评审？	申报者须参加由各级地方政府有关部门组织的高级审计师的考试，其结果须由申报者所在地的电力人才评报国网人才中心批复确认，再凭高级审计师考试合格证书（成绩），报名参加国网人才中心组织的年度副高级专业技术资格评审
49	中级职称为工程师，学历为本科、理工科专业，可以参加高级经济师考试吗？	不可以，必须取得经济师资格，从事经济师专业资格，从事与经济师职责相关工作满 5 年
50	中级职称为经济师，学历专科，非理工科专业，从事工作年限 8 年，可以参加高级经济师考试吗？	年限不够。经济专业技术资格取得后，从事与经济师职责相关工作满 10 年可以报名参加考试
51	中级职称为经济师，具备双学位，理工专业，从事年限满 8 年，可以参加高级经济师考试吗？	可以，双学位等同硕士学位，经济专业技术资格取得后，从事与经济师职责相关工作已满 5 年
52	中级职称为经济师，想转评高级经济师，需满足什么条件？	现从事的岗位必须改成经济师实行考试，高级经济师岗位须满足副高职称年限，属于跨系列高报
53	高级经济师取得合格成绩后，还需参加评审吗？	需要。高级经济师实行考试＋评审结合

序号	问　题	解　答
54	中级职称为工程师，本科学历，现岗位从事办公室品牌建设，怎么申报高级经济师职称？	首先，申报者须参加由各级地方政府有关部门组织的中级专业技术资格考试，取得有效成绩，报省公司批复确认，经济师专业技术资格取得后，从事与经济师职责相关工作满5年，报名参加高级经济师考试，第二年参加国网人才中心组织的评审。
55	中级职称为工程师，本科学历，岗位团委书记，怎么申报副高职称？	现从事的岗位须足满足副高职称，转评高级政工师，属于资格跨系列高报。
56	中级职称为工程师，研究生学历，岗位人力资源劳动组织，怎么申报高级经济师职称？	首先，申报者须参加由各级地方政府有关部门组织的中级专业技术资格考试，取得有效成绩，报省公司批复确认，经济师专业技术资格取得后，从事与经济师职责相关工作满5年，报名参加高级经济师考试，第二年参加国网人才中心组织的评审。
57	初中级会计师职称如何取得？	需要通过初中级会计师考试后取得。
58	初中级会计师职称考试如何操作？	初中级会计师职称考试是根据财政部会计资格评价中心安排实行全国统一考试制度，初级会计师专业技术资格考试原则上每年举行一次，在国家机关、企事业和其他组织中从事会计工作，采用无纸化方式，所有机关、社会团体、企事业和其他组织中从事会计工作的人员均可报考，采用无纸化方式，人事部、财政部颁发人事部统一印制的会计专业技术资格证书。
59	初级会计师职称报考条件有哪些？	报名参加初级资格考试的人员，应具备以下条件： （1）坚持原则，具备良好的职业道德品质。 （2）认真执行《中华人民共和国会计法》和国家统一的会计制度，以及有关财经法律、法规、规章制度，无严重违反财经纪律的行为。 （3）履行岗位职责，热爱本职工作。 （4）具备国家教育部门认可的高中毕业（含高中、中专、职高、技校）以上学历。
60	中级会计师职称报考条件有哪些？	参加中级资格考试的人员，应具备以下条件： （1）坚持原则，具备良好的职业道德品质。 （2）认真执行《中华人民共和国会计法》和国家统一的会计制度，以及有关财经法律、法规、规章制度，无严重违反财经纪律的行为。 （3）履行岗位职责，热爱本职工作。 （4）具备会计从业资格，持有会计从业资格证书。 同时还须具备以下条件之一： （1）取得大学专科学历，从事会计工作满五年。 （2）取得大学本科学历，从事会计工作满四年。 （3）取得双学士学位或研究生班毕业，从事会计工作满2年。 （4）取得硕士学位，从事会计工作满一年。 （5）取得博士学位。

续表

序号	问 题	解 答
61	报名条件中有关学历学位有什么要求?	所取得的学历学位必须经国家教育行政主管部门承认的正规学历或学位
62	从事相关工作年限有何要求?	取得规定学历以前、后从事专业工作时间的总和，计算截止日期为报考当年 12 月 31 日。具体要以当地通知为准
63	初级会计师的考试科目有哪些?	初级会计师考试科目包括经济法基础、初级会计实务三个科目；中级会计师考试科目包括财务管理、经济法、中级会计实务三个科目
64	取得初中资格证书后就是国网系统内相应的职称了吗?	取得初中资格证书后还需参加国网系统内的资格确认，下文后方可视为取得相应的职称： （1）取得初级资格证书后，须满足中专以上学历，从事会计专业满 5 年。 （2）取得大学专科学历，从事会计工作满 4 年。 （3）取得大学本科学历，从事会计工作满 2 年。 （4）取得双学士学位或研究生班毕业，从事会计工作满 1 年。 （5）取得硕士学位，从事会计工作满 1 年。 （6）取得博士学位。 符合以上条件之一方可予以确认
65	高级会计师参加评审需满足什么条件?	取得硕士学位、第二学士学位或研究生学历合格证书，或大学本科毕业并担任会计师职务 5 年以上，并取得高级会计师考试合格证书
66	高级会计师可以以考代评吗?	不可以，是考评结合。申报者须参加由各级地方政府有关部门组织的高级会计师考试，再凭高级会计师考试合格证书（成绩），报名参加国网人才中心组织的年度副高专业技术资格评审
67	初中级统计师职称如何取得?	需要通过初中级统计师考试取得
68	初级统计师职称考试如何操作?	初中级统计师考试是国家统计局和人事部成立全国统计专业技术资格考试办公室，实行全国统一考试制度。通过浙江人事考试网填报报考信息，参加国网统一印证，人事部和国家统计局印用的统计专业技术资格考试
69	初级统计师职称报考条件有哪些?	报名参加初级资格考试的人员，应具备下条件： （1）坚持原则，具备良好的职业道德品质。 （2）热爱统计工作，能够履行岗位职责，完成本职工作任务。 （3）具备国家教育部认可的高中毕业（含高中、中专、职高、技校）以上学历

序号	问　　题	解　　答
70	中级统计师职称报考条件有哪些？	参加中级资格考试的人员，应备以下条件： （1）坚持原则，具备良好的职业道德品质。 （2）热爱统计工作，能够履行岗位职责，完成本职工作任务。 同时还须具备以下条件之一： （1）取得大学专科学历，从事统计工作满六年。 （2）取得大学本科学历，从事统计工作满4年。 （3）获第二学士学位或研究生班结业，从事统计工作满二年。 （4）获得硕士学位，从事统计工作满一年。 （5）获得博士学位
71	报名条件中有关学历学位有什么要求？	所取得的学历学位必须经国家教育行政主管部门承认的正规学历或学位
72	从事相关工作年限有何要求？	从事相关年限一般要求是指取得规定学历以前、后从事本专业工作时间的总和，计算截止日期为报考当年12月31日。具体要求以当地通知为准
73	初中级统计师的考试科目有哪些？	初级统计师考试科目包括统计学和统计法基础知识、统计专业知识和务实二个科目；中级会计师考试科目包括统计基础理论及相关知识、统计专业知识和务实二个科目
74	取得初中资格证书后就是国网系统内相应的职称了吗？	取得初中资格证书后还需参加国网系统内的资格确认，下文后方可视为取得相应的职称： （1）取得初级资格证书后，须满足中专以上学历，专业年限满一年，方可参加资格确认。 （1）取得大学专科学历，从事专业工作满6年。 （2）取得大学本科学历，从事专业工作满4年。 （3）获得双学士学位或研究生班毕业，从事专业工作满2年。 （4）获得硕士学位，从事专业工作满1年。 （5）获得博士学位。 符合以上条件之一方可予以确认
75	高级统计师怎么参加高职称评审？	申报者须参加由各省地方政府有关部门组织的高级统计师考试，其结果须由申报者所在地的电力人才评报国网人才中心复核确认。再有高级统计师考试合格证书（成绩），报名参加国网人才中心组织的年度副高专业技术资格评审
76	参加高级统计师、高级经济师考试，报告条件有一条"专科学历，取得中级资格，满足相应规定的年限"，专科学历可以申报高证书可以申报高吗？	可以。具备大学专科学历，取得中级经济师专业技术资格后，从事与经济师职责相关工作满10年，取得高级经济师证书可以申报高

111

续表

序号	问 题	解 答
77	高级经济实务考试成绩标准怎么办?	达到全国统一合格标准,有效期5年达到省定标准,有效期3年
78	不同系列之间职称可否转评?	可以。因专业技术工作岗位变动,在转岗一年后方可参加同一级别的专业技术资格考试或评审
79	不同系列之间职称转评后任职时间如何计算?	按照转系列前后实际受聘担任相应职务专业技术工作的年限累计计算
80	具备理工科专业学历但现职职称为非本工程系列,现从事工程技术工作有什么年限要求?	"资格同级转评"需连续2年及以上、"资格跨系列高报"需满足相应申报系列的副高申报年限
81	职称转评需要从头开始吗?	不需要。可以同级别进行转评,无需从头开始评
82	职称转换可以在正高级之间进行吗?	不可以。职称转评只允许在副高级(含)以下进行,正高级之间不能转换
83	非本专业副高级资格可以直接申报正高资格吗?	不可以。非本专业副高级资格,需转评后方可申报
84	职称转评后需满多久才可申报高一级职称?	同级转评后须转岗工作满1年后方可申报评审,转评后须工作满1年以上方可申报高一级职称
85	专业技术人才可自主申报两个系列或专业以上的职称,是否能在同一年度同时申报?	不可以。专业技术人才可自主申报两个系列或专业以上的职称,但同一年度不得同时申报两个系列或专业职称
86	专业技术人才是否可以参加职业技能评价?	可以。取得助理工程师、工程师、高级工程师(工种)职称的,其累计工作年限达到申报条件的,可分别申请参加与现岗位相对应职业(工种)的高级工、技师、高级技师职业技能评价,合格后取得相应职业资格证书或职业技能等级证书
87	助理工程师申报技师需满足什么条件?	助理工程师在取得现从事职业(工种)高级工1年后,其累计工作年限达到技师申报条件的,可申报技师考评
88	工程师申报高级技师需满足什么条件?	工程师在取得现从事职业(工种)技师1年后,其累计工作年限达到高级技师申报条件的,可申报高级技师考评

序号	问　题	解　答
89	工业工程专业范围有哪些？	系统规划与管理、设施规划与设计、方法与效率工程、生产计划与控制、质量与可靠性工程、工业安全与环境、人力资源开发与管理、营销工程、工程营销管理
90	从事保卫岗位应申报哪个专业？	根据政工师评定标准第四章第八条规定，从事保卫岗位应申报政工专业
91	电力工程专业范围有哪些？	热能动力工程专业（可含核能、太阳能、地热及其他热能形式发电，水能动力工程专业（可含潮汐能、风能发电），输配电及用电工程专业、电力系统及其自动化专业
92	入职前取得双学士学位需从事本专业工作几年后可认定中级？	2019年及以后毕业入职的，入职当年需认定助理级资格，取得助理级资格后从事本专业工作年限满四年可认定中级；2018年及以前毕业入职的，入职后从事本专业工作年限满四年
93	入职后取得第二个士学位需从事本专业工作满几年后可认定中级？	取得第二个士学位后满2年可认定中级
94	关于转业军人和原公务员申报职称的相关规定？	（1）中专（含高中、职高、技校、下同）毕业后满12年（仅档案系列）、中等职业学校（技工学校）毕业后满9年（仅一级实习指导教师），大专毕业后满7年、本科毕业后满5年，可直接申报审评中级职称。 （2）大专毕业后满20年（仅改工系列）、本科毕业后满10年、取得硕士学位后满8年、取得博士学位后满2年，可直接申报审评副高级职称。 （3）本科毕业后满15年、取得硕士学位后满13年、取得博士学位后满7年，可直接申报审评正高级职称。
95	中级申报条件？	大学专科或大学本科毕业，助理级职称后本专业年限满4年；双学士学位或硕士学位，助理级职称后本专业满2年（学制不满2年的国外硕士满3年）
96	中级资格评定方式？	采取业绩积分和专业与能力考试方式综合进行评定，业绩积分与专业与能力考试成绩按6：4比例加权确定评定总分
97	取得高级工证书后可以申报助理工程师职称吗？	取得高级工证书后，从事技术技能工作满2年，可以申报助理工程师
98	取得技师证书后可以申报工程师职称吗？	取得技师证书后，从事技术技能工作满3年，可以申报工程师
99	取得高级技师证书后可以申报高级工程师职称吗？	取得高级技师证书后，从事技术技能工作满4年，可以申报高级工程师

续表

序号	问题	解答
100	申报系统中获奖类情况只能填科技进步奖吗？	申报政工经济类获奖情况可以填科技进步奖、管理创新成果和优秀论文
101	实际总积分与加权总积分的关系？	实际总积分与加权总积分的区别在于，是否包含了"政治表现、职业道德"、是否符合"规定学历前提下的规定年限"等3个评价因素。若三者均为是，则加权总积分等于实际总积分；若三者有一项为否，则加权总积分为0
102	QC在业绩积分选项里选哪一条合适？	选501：提出科技建议，被有关部门采纳，对科技进步和专业技术发展有促进作用
103	专利在业绩积分选项里选哪一条合适？	选501：提出科技建议，被有关部门采纳，对科技进步和专业技术发展有促进作用
104	技术报告具体指什么？	技术规范、规程、标准或教材、技术手册等
105	中专专业对口，大专专业不对口，可以申报中级资格吗？	可以，有相应理工科背景就可以
106	系统内评定的高级职称社会认可吗？	国网公司职称为公司内部职称，根据人社专技司函〔2018〕240号文件，系统内职称与人社部职称效力相同
107	高级职称申报流程是怎么样的？	申报流程如下：网上报名、缴纳报名费、申报材料内容填报、数据提交、打印报表、申报材料准备、送审、积分达标缴纳评审费、打印准考证、参加资格考证、最终评定结果查询、评定表打印归档
108	电力政工资格系列包含哪些专业？	群众工作、保卫工作、离退休干部管理工作、党建和精神文明建设工作、纪检和监察工作
109	申报资格中的现职称后本专业年限、本专业年限等时间要求如何理解？	计算现有资格取得年限、业绩成果取得时间，以及资格授予时间，均为专业技术工作年限的截止时间。 （1）现职称后本专业年限，是指截止申报年度12月31日，取得现职称后所从事的与申报系列一致的专业技术工作累计年限。 （2）本专业年限，是指截止申报年度12月31日，本人参加工作后所从事的与申报系列一致的专业技术工作累积年限之和
110	申报副高级资格的学历要求？	大学本科毕业或双学士学位或硕士学位、博士学位，中级职称后本专业年限满2年，可申报评审副高级职称；中级职称后本专业年限满5年；博士学位，中级职称副高级职称

序号	问　题	解　答
111	工程系列资格同级转评和跨系列高报的学历和年限要求?	一般需同时具备理工科专业学历和工程技术工作资格以及工程技术工作经历。若具备理工科专业学历但现专业跨术资格同非工程系列,则现从事工程系列工作的年限要求为:"资格同级转评""资格跨系列高报"需满足申报系列的专业年限
112	改工系列资格同级转评和跨系列高报的专业和年限要求?	需专业职从事相应系列规定的专业工作。若专业技术资格为非相应专业系列,则现专业技术资格为2020年底,"资格跨系列高报"需满足申报系列的专业年限求为:"资格同级转评"需连续2年及以上,
113	计算机及外语要求?	目前,各专业系列评审对"职称外语""计算机水平考试"、计算机评定的水平能力标准之一。 (1)外语标准。自2020年起,参加国家电网有限公司组织的"专业技术人员电力英语水平考试"并取得《合格证书》,方可有效。具体标准:取得的A级《合格证书》有效期为四年(截止日为取证的第4年底);取得的B级、C级《合格证书》有效期为三年(截止日为取证的第3年底)。 (2)计算机标准。自2020年起,参加国家电网有限公司组织的"专业技术人员计算机水平考试"并取得《合格证书》,方可有效。具体标准:取得的A级《合格证书》,有效期为四年(截止日为取证的第4年底);取得的B级《合格证书》有效期为三年(截止日为取证的第3年底)
114	申报工程系列如何按标准对业绩进行归类?	在为资格后可选择"主要贡献"评审标准时应一一对应,如参加220千伏及以上的项目工作可对应标准准第一条;QC成果、国家专利、合理化建议规程等可对应标准第三条;其他工作可对应标准第六条
115	评定标准中的大、中、小型等级如何区分?	(1)变压器等级。大型:220kV以上(大型>220kV);中型:220kV(中型=220kV);小型:110kV及以下(小型≤110kV)。 (2)企业规模。大型:省公司等级及以上单位(大型≥省公司等级单位);中型:地区等级单位(中型=地区等级单位);小型:县级等级单位(小型=县级等级单位)
116	获奖业绩的级别如何选择?	(1)国家级:国家科学技术进步奖包括国家自然科学奖、国家技术发明奖、国家科技进步奖等奖项,国家技术发明奖等奖项,其他奖项不计作国家级奖项。 (2)省部级(含行业级):国家电网公司级:国家设立的科学技术奖、软科学成果奖,各部委(国家级)设立的奖项;中国电机工程学会、中国电力企业联合会等省部级行业(学)会颁发的奖项;省级单位颁发的奖项,省级公司(学)会颁发的科技成果奖。 (3)地市级(各省公司级):各省公司颁发的全国企业管理现代化创新成果;管理创新成果奖等奖项,管理创新管理现代化创新奖;省厅级设立的奖项,各省行业协会(学会)的专业奖

续表

序号	问　题	解　答
116	获奖业绩的级别如何选择？	·（4）厂处级（含地市公司；省公司直属单位级）：地市公司，省公司直属单位设立的科技成果奖项和管理创新成果奖等奖项。（5）其他：国家知识产权局设立的中国专利金奖等奖，中国专利优秀奖，中国专利奖按省部级二等奖、优秀奖、进步奖、特别奖、创新奖、管理创新成果奖等奖项按同级别三等奖
117	参加技能竞赛获奖可以是团体奖吗？	参加技能竞赛情况。提供的证书或文件须体现本人姓名
118	承担技艺传承、技能培训工作情况需要提供哪些材料？	带徒以师徒协议为准，培训授课以授课通知或证明（由培训机构出具）为准，技能大赛教练以获奖证书和教练证明为准
119	技术革新、技术改造、科技成果转化、关键问题处理有哪些方面可以写？	主要填写QC成果获奖项目，科技进步奖，授权专利等
120	申报表有些内容不填写可以吗？	申报表中"取得技师资格后的主要工作业绩"模块以及"主要技艺技特长、技术特长、贡献及成果"的2~6项模块中，不能出现3个及以上模块空白
121	编写操作规程、规范、标准及发表论文、著作可以填哪些材料？	可以填写公开发表的论文，著作则提供发表刊物的封面、目录和正文。标准、规范、规程，如规程、规范、标准以文件发布的则打印文件，须体现本人姓名
122	专业知识考试采取什么方式？	依据公司颁布的高级技师评价标准和题库，重点考核与本专业（工种）相关的基础知识，专业知识和相关知识，使用技能等级评价管理信息系统线上进行，满分100分，考试时限90min
123	使用集体荣誉申报的要求？	提供的荣誉证书或者文件中应有申报人员姓名
124	论文、著作等作品成果的数量有何要求？	严格按照评审条件，评定定改工系列副高级成果标准如发表过两篇及以上具有较高水平的论文，调研报告。评定标准中规定的论文或技术报告代表作品的数量要求，作品形式上可做一定转换，或在国家批准出版的刊物的刊物上发表一篇及以上论文也可提供一篇以上论文及调研报告。"在"省（部）级及以上组织的专业会议交流，既可提供两篇及以上论文及一篇以上的技术报告
125	职称网上报名网站是什么？	电力人才资源网

序号	问题	解答
126	职称网上申报需要几个阶段?	申报需要网上报名、信息填报、数据提交、准备申报材料、送审、准备初审材料，在线查询复审结果，完成"资格申报"工作。申报需要逐单位审核汇总，在线查询复审结果，完成"资格申报"工作
127	职称信息填报模块需要填写本人真实信息吗?	需要申报者仔细对照所申报的专业技术资格评审条件、副高资格评定标准或中级资格评定标准并根据自己实际情况，按"专业技术资格申报系统"信息填报要求正确填写本人真实信息
128	职称数据已提交发现填报错误怎么办?	可以联系单位人事部门予以退回
129	职称初审需要准备哪些材料?	需要打印专业技术资格申报初审表、申报专业技术资格公示表和材料清单材料清单及主要贡献鉴定意见表、作品成果鉴定意见表、所在单位评价意见表各一份，连同各类证件、证书、证明、代表作品等材料的原件及复印件
130	职称申报职称公示表公示需要几个工作日?	5个工作日
131	职称审核鉴定评价工作流程是什么?	审核、鉴定、公示、提交上一级单位
132	职称复查结果哪里查询?	申报者可以登录"专业技术资格申报系统"查询复审结果
133	职称评审怎么缴费?	如审核通过，可通过支付宝或微信平台网上支付评审会议费
134	职称完成缴费后还需要什么工作?	完成缴费显示"已缴费"状态后，即完成资格申报工作
135	专业技能考试有哪些考试内容?	重点考核现场分析、判断、解决本业（工种）高难度生产技术问题和工艺难题，可在实训设备、仿真设备或现场操作考核，对于不具备实操条件的工种或实操项目可采取实操指导书、检修方案、安全措施实施等技术文档的方式进行评价，实操考核费随机抽取1~3个项目进行，满分100分，考核时限不低于120min

技能评价部分

序号	问题	解答
1	什么是职业技能等级评价?	职业技能等级评价，也叫职业技能鉴定，是一项基于职业技能水平的考核活动，属于标准参照型考试。它是由考试考核机构对劳动者从事某种职业所应把握的技术理论知识和实际操作能力做出客观的测量和评价。职业技能鉴定是国家职业资格证书制度中的重要组成部分

续表

序号	问　题	解　答
2	职业技能等级评价的主要内容?	国家实施技能等级评价的主要内容包括：职业知识、操作技能和职业道德三个方面。这些内容是依据国家职业（技能）标准、职业技能鉴定规范（即考试大纲）和相应教材来确定的，并通过编制试卷来进行评价考核
3	技能等级证书分为几级?	技能等级分为5个等级，分别为：初级工（五级）、中级工（四级）、高级工（三级）、技师（二级）、高级技师（一级）
4	技能等级评价实施步骤?	技能等级评价的实施步骤分为四大步骤，分别是：评价前的组织预备、评价前的技术预备、评价实测、评价后的结果处理
5	技师申报条件是什么?	拥护党和国家的路线、方针、政策，行为上与党中央保持一致，三年内无直接责任重大设备损坏、人身伤亡事故，技能培训成绩显著；申报者近三年的绩效总成绩不低于4分，上一年度绩效考核B级及以上，且具备以下条件之一： （1）取得本职业（工种）或相关职业（工种）高级工技能等级后，累计从事职业（工种）或相关职业（工种）工作4年（含）以上。 （2）高级技工学校、技师学院及以上本专业或相关专业毕业，并取得本职业（工种）或相关职业（工种）高级工技能等级后，累计从事职业（工种）或相关职业（工种）工作3年（含）以上。 （3）取得电力工程系列助理工程师职称，累计从事职业（工种）或相关岗位相应职业（工种）工作6年（含）以上
6	技师认定条件是什么?	（1）国家一类职业技能大赛，获各职业（工种）决赛前5名的选手。 （2）国家一类职业技能大赛，获各职业（工种）决赛第6~20名，已具有高级工等级的。 （3）国家二类职业技能竞赛，获各职业（工种）决赛前3名的选手。 （4）国家二类职业技能竞赛或公司级技能竞赛，获各职业（工种）决赛第4~15名，已具有高级工等级的。 （5）所在省（自治区、直辖市）人社部门主办的职业技能竞赛，对获奖选手按竞赛奖励相关规定晋升技能等级。 （6）省公司级技能竞赛，对获各职业（工种）决赛前3名的选手，已具有高级工等级的
7	高级工申报条件是什么?	（1）取得本职业（工种）或相关职业（工种）中级工技能等级后，累计从事本职业（工种）或相关职业（工种）工作5年（含）以上。 （2）大专及以上本专业或相关专业毕业，并取得本职业（工种）中级工技能等级后，累计从事职业（工种）或相关职业（工种）工作2年（含）以上。 （3）取得电力工程系列助理工程师职称，且累计从事现岗位相对应职业（工种）工作3年（含）以上
8	中级工申报条件是什么?	（1）取得本职业（工种）或相关职业（工种）初级工技能等级后，累计从事本职业（工种）或相关职业（工种）工作4年（含）以上。

序号	问　题	解　答
8	中级工申报条件是什么？	（2）累计从事本职业（工种）或相关职业（工种）工作6年（含）以上。 （3）技工学校及以上本专业或相关专业毕业，从事本职业（工种）或相关职业（工种）工作1年（含）以上。
9	初级工申报条件是什么？	（1）累计从事本职业（工种）或相关职业（工种）工作1年（含）以上。 （2）参加岗前培训，经考核合格的新入职人员
10	转岗评价条件是什么？	持有技能等级证书，转至非相关职业（工种）岗位后，累计从事新岗位工作满2年，可申报转入岗位对应职业（工种）同等级别评价
11	有关技师技术总结的要求是什么？	能反映本人实际工作情况和专业技能水平，字数不少于2000字，主要内容包括：主持或主要参与解决的生产技术难题，技术革新或合理化建议取得的成果，传授技艺和提高经济效益等方面取得的成绩
12	技师评价内容是什么？	技师评价采取工作业绩评定、专业知识考试，专业技能考核与潜在能力考核等方式进行，评审由公司统一组织的综合评审，评审通过者综合评价。且总成绩达到75分人员参加由公司统一组织专业技能考核等方式进行，专业技能考核达到60分，
13	高级工及以下评价内容是什么？	初级工、中级工采取专业知识考试，专业技能考核等方式进行，各项成绩均达到60分，且总成绩达到75分人员评价合格；高级工采取专业知识考试，工作业绩评定等方式进行，工作业绩评定达60分，各项成绩达60分，且总成绩达75分人员评价合格
14	申报技师的认证材料的具体要求是什么？	技师推荐对象的申报材料至少应包括（统一用档案资料袋装送）： （1）材料目录（1式2份，1份粘贴于档案资料袋上，另1份放在档案袋内，申报材料目录表整理排序）。 （2）技师资格考评申报表（除通信相关行业相关工种1式3份外，其他1式2份）。 （3）技术总结（1份）。 （4）论文（1份）。 （5）资格证书复印件（1份，含专业技术资格证书及职业资格证书，并由各单位人力资源部门确认并签字、加盖印章）。 （6）学历、学位证书复印件（1份）。 （7）技师工作业绩评定表（1份）。 （8）个人工作业绩考核确认材料（1份）。 （9）获奖证书及成果证明材料复印件（1份，并由各单位人力资源部门确认并签字、加盖印章）。
15	申报高级工及以下等级认证的认证材料的具体要求是什么？	高级工及以下技能等级认证认证申请表；二寸免冠彩色证件照片三张；身份证复印件及相关佐证材料（学历证书复印件、技术或技能证书复印件）各一份，佐证材料需加盖单位公章（单位或人资部门章）。
16	技能等级评定申报对申报人员是否有条件限定？	有，要求必须是从事技能岗位的长期职工，供电服务公司职工、省管产业直签职工

续表

序号	问题	解答
17	供电服务公司职工、省管产业直签职工可以参与评审吗?	可以。从事相应工种技术技能岗位工作，且符合申报条件的供电服务公司职工、省管产业直签职工，省管产业单位可通过委托评价方式参评，委托评价人员原则上应在国网人资ERP系统、SG-NC系统或省公司相关ERP系统在册。
18	供电服务公司职工、省管产业直签职工需准备评审材料与全民职工一样吗?	有些不同，供电服务公司职工、省管产业直签职工申报属于委托评价，需提供合同单位出具的评价委托函、所在单位合同等材料
19	全民职工直接认定技师的条件有哪些?	(1) 国家一类职业技能大赛，获各职业(工种)决赛前5名的选手。 (2) 国家二类职业技能大赛，获各职业(工种)决赛第6~20名，已具有高级工等级的。 (3) 国家二类职业技能竞赛或公司级技能竞赛，获各职业(工种)决赛前3名的选手。 (4) 国家三类职业技能竞赛或公司级技能竞赛，获各职业(工种)决赛第4~15名，已具有高级工等级的。 (5) 所在省(自治区、直辖市)人社部门主办的职业技能竞赛，对获奖选手按竞赛规定相关技能等级。 (6) 省公司级技能竞赛，对获各职业(工种)决赛前3名的选手，已具有高级工等级的。
20	申报高级技师需要满足哪些条件?	高级技师申报分正常晋级申报和破格申报认定两类。正常晋级申报条件：拥护党和国家的路线、方针、政策、行为上与党中央保持一致；三年内无重大责任事故、人身伤亡事故、设备损坏，在单位(岗位)具有良好的口碑；有较强的组织协调能力；申报者近三年的绩效考核总成绩不低于4.5分。破格申报认定条件之一：解决重大、复杂技术和工艺问题的能力；传授技艺、技能培训成效显著；有较强的组织协调能力；申报者近三年的绩效考核总成绩不低于4.5分，上一年度绩效考核B级及以上，且备以下条件之一： (1) 取得本职业或相关职业(工种)技师职业资格证书后，累计从事本职业或相关岗位工作10年(含)以上 (2) 取得电力工程系列高级工程师职称，且累计从事相对应岗位工作4年(含)以上
21	高级技师的申报者的绩效有什么要求?	申报者近三年的绩效考核总成绩不低于4.5分，上一年度绩效考核B级及以上。以当年申报政策为准。
22	全民职工直接认定高级技师的条件有哪些?	(1) 国家一类职业技能大赛，对获各职业(工种)决赛前5名的选手，已具有技师等级的。 (2) 国家二类职业技能竞赛或公司级技能竞赛，获各职业(工种)决赛前3名的选手，已具有技师等级的。 (3) 省(自治区、直辖市)人社部门主办的职业技能竞赛，对获奖选手按竞赛奖励相关规定，可晋升高级技师的。
23	申报高级技师的主要流程?	申报高级技师的主要流程包括：员工申报、资格审查、计划发布、评价实施、结果公示，证书发放六个阶段。其中评价实施阶段的主要内容包括：①职业素养评价；②专业知识考试；③专业技能考核；④工作业绩评定；⑤潜在能力考核（包括专业技术总结评价和考生面试答辩）
24	申报的工种和实际不一致可以吗?	擅自变更评价工种、无标准开展自主评价、越权评价、弄虚作假等违规现象的单位，公司予以通报批评

序号	问 题	解 答
25	技能等级申报材料（技师）具体包括哪些？	技师的申报材料需在人才评价系统完成录入后打印纸质材料，并统一用档案资料袋装送。具体包括： （1）材料目录（粘贴于档案资料袋上，申报材料按目录表整理排序）。 （2）技能等级评价申报表（除通信行业相关工种外，其他一式3份，其他一式2份，A4纸双面打印）。 （3）技术总结（1份）。 （4）论文（1份）。 （5）资格证书复印件（1份，含专业技术资格证书及职业资格证书，并由各单位人力资源部门确认并签字、加盖印章）。 （6）学历、学位证书复印件（1份，并由各单位人力资源部门确认并签字、加盖印章）。 （7）工作业绩评定表（1份）。 （8）个人工作业绩考核确认材料（1份）。 （9）有关获奖、荣誉证书复印件（1份，并由各单位人力资源部门确认并签字、加盖印章）。 （10）成果证明材料复印件（1份，并由各单位人力资源部门确认并签字、加盖印章）
26	技能等级申报材料（高级技师）具体包括哪些？	高级技师的申报材料需在人才评价系统完成录入后打印纸质材料，并统一用档案资料袋装送。具体包括： （1）材料目录（粘贴于档案资料袋上，申报材料按目录表整理排序）。 （2）高技能等级评价申报表（一式3份，A4纸双面打印）。 （3）技术总结（1份）。 （4）论文（1份）。 （5）资格证书复印件（1份，含专业技术资格证书及职业资格证书，并由各单位人力资源部门确认并签字、加盖印章）。 （6）技师资格证书复印件（1份，并由各单位人力资源部门确认并签字、加盖印章）。 （7）获奖证书及成果证明材料复印件（1份，并由各单位人力资源部门确认并签字、加盖印章）。 （8）其他材料。 （9）潜在能力考核材料、理论知识考核试卷、技能操作考核材料等均由鉴定中心提供
27	工作业绩评定是怎么操作的？	工作业绩评定。主要评定安全生产、工作成就及工作态度。由申报人所在单位人资部门牵头成立工作业绩评定小组，对申报人日常工作表现和工作业绩进行线上评定，评定应突出实际贡献，重点评定申报人取得本资格以来的业绩情况，满分100分，具体评定内容和要求见附件2。评定小组签署意见，人资部门审核后上传至技能等级评价管理信息系统
28	工作业绩评定表的要求？	工作业绩评定表必须有单位意见；必须有负责人签字；盖章必须是公司章或公司人力资源部章；盖章必须是公司章或公司为地市公司或省公司直属单位（此公司为地

续表

序号	问　题	解　答
29	准备个人工作业绩考核确认材料的注意事项？	个人工作业绩考核确认材料需第三人称书写
30	成果证明材料复印件的确认签字有何要求？	由各单位人力资源部门确认并签字、加盖印章的证明材料复印件，需盖在有内容的地方，不能盖在空白位置
31	资格后工作业绩栏的填报及材料的要求？	资格后工作业绩为现资格取得后至评定期限之间的业绩；填报时需按时间顺序填写，每项业绩都需提供相关资格后的工作业绩（业绩要与申报的工种相关）
32	职业素养评价有哪些内容？	由申报人所在部门组织本部门3~5名员工，对申报人政治素养、行为规范、从业操守等方面进行线上评议，满分100分。评价结果由申报人所在能等级评价管理信息系统
33	"主要技术特长、贡献及成果"栏中相关获奖、荣誉、成果等有何要求？	"主要技术特长、贡献及成果"栏有何要求？本栏共有6个分项，不能有3项及以上空白，每个分项中须提供证明材料复印件，只提供一张纸质证明，未提供支撑材料的将不予采用
34	关于论文和技术总结的具体要求？	必须真实反映本人的实际工作情况和专业技能水平。技术总结和论文的主要内容包括：解决或主要参与解决的生产技术难题，技术革新或合理化建议取得的成果，传授技艺和提高经济效益等方面取得的成绩。技术总结或论文字数：技师不少于2500字，高级技师不少于3000字。注意：该技术总结是指个人较全面全面的工作总结，不是针对某一具体技术问题的技术报告。提交时不要用一具体技术问题的技术报告代替
35	特级技师怎么报名？	根据人社部相关文件要求，国网公司制定试点工作方案，及时报人社部备案，在技能等级评价管理信息系统设立特级技师报名专区。要求员工有高级技师职业资格或职业技能等级，并在高级技师岗位工作满5年且仍从事本职业（工种）工作，全国技术能手、享受国务院颁发的政府特殊津贴人员等人员优先考虑
36	首席技师报名要求有哪些？	在技术技能领域，技术革新、技术革新、发明创造中有重大贡献，在培养技能人才和传授技艺方面有突出贡献，本地区、本行业公认具有高超技能、精湛技艺的高技能人才，获国家科学技术奖一等奖及以上奖获得者，中华技能大奖获得者，原则上要求特级技师评聘满3年且仍从事本职业（工种）工作，在技能人才评价方面有重大贡献者可直接申报
37	新八级是哪八级呢？	探索建立由首席技师、特级技师、技师、高级技师、高级工、中级工、初级工、学徒工构成的职业技能等级（岗位）序列
38	特级技师有哪些评价内容？	思想品德评价、工作业绩展示与答辩、综合评审三个环节